反应性气体等离子体理论及应用研究

刘相梅　著

哈尔滨工程大学出版社
Harbin Engineering University Press

内 容 简 介

当今,随着低温等离子体技术的不断发展,国内外学者对该领域的科研成果的应用及研究愈发关注。本书是对低温等离子体中反应性气体放电特性的较为全面和系统的研究。全书内容主要分为两篇:第一篇为低温低气压反应性气体放电,主要介绍了低温等离子体放电的基础知识、研究了射频 SiH_4 放电特性和二维甚高频放电中相位差对 SiH_4、SiH_4/H_2 等反应气体放电特性的影响,以及 $SiH_4/NH_3/N_2$ 等反应气体放电特性;第二篇为低温大气压反应性气体放电,主要介绍了低温大气压等离子体放电的基础知识、大气压乙炔微等离子体放电,以及乙炔微放电中模式转换现象。本书比较系统地介绍了反应性气体放电特性,并给出了相应结论,为优化等离子体工艺提供了必要的科学依据以适用大部分科研人员的需要。

本书可作为高等学校等离子体物理专业初学者及相关专业科研人员的参考用书。

图书在版编目(CIP)数据

反应性气体等离子体理论及应用研究/刘相梅著
. —哈尔滨:哈尔滨工程大学出版社,2021.10
ISBN 978 - 7 - 5661 - 3167 - 6

Ⅰ. ①反… Ⅱ. ①刘… Ⅲ. ①放电 - 研究 Ⅳ.
①O461

中国版本图书馆 CIP 数据核字(2021)第 216161 号

反应性气体等离子体理论及应用研究
FANYINGXING QITI DENGLIZITI LILUN JI YINGYONG YANJIU

选题策划 刘凯元
责任编辑 马佳佳
封面设计 李海波

出版发行 哈尔滨工程大学出版社
社　　址 哈尔滨市南岗区南通大街 145 号
邮政编码 150001
发行电话 0451 - 82519328
传　　真 0451 - 82519699
经　　销 新华书店
印　　刷 北京中石油彩色印刷有限责任公司
开　　本 787 mm × 1 092 mm　1/16
印　　张 8
字　　数 195 千字
版　　次 2021 年 10 月第 1 版
印　　次 2021 年 10 月第 1 次印刷
定　　价 40.00 元
http://www.hrbeupress.com
E - mail:heupress@ hrbeu. edu. cn

前　言

目前,低温等离子体技术在材料表面处理、微电子器件加工、化学合成、环境保护及空间预报等领域得到了广泛应用,特别是低温等离子体微细加工手段已经成为一项影响全球经济发展的尖端制造技术,它是微电子器件、微光学器件及微机械系统等制备的基础。在超大规模集成电路制造过程中,有近三分之一的工序使用的是等离子体技术,如等离子体沉积、等离子体刻蚀及等离子体去胶等,其中等离子体沉积是非常关键的工艺流程之一。而等离子体薄膜沉积常用的气体为硅烷、乙炔等反应性气体。因此,非常有必要对反应性气体放电进行细致的研究。

低温低气压反应性气体放电和大气压反应性气体放电的特性是有一定区别的。低气压气体放电存在的加热机制为欧姆加热、二次电子加热、共振加热和无碰撞加热。对于直流放电,等离子体由欧姆加热和离子轰击电极产生的二次电子加热维持;其他放电中,如果气压比较高,欧姆加热会占主导。随着气压的增高,大气压下会发生气体的击穿电压增大、气体温度升高、电子和活性粒子密度增加以及电子温度减小等现象,基于此,本书对低气压反应性气体放电和大气压反应性气体放电进行了细致的研究。

本书分为两篇。第一篇是低温低气压反应性气体放电,包括第 1 章至第 4 章,第 1 章简要介绍了低温等离子体放电基础知识;第 2 章主要研究了射频 SiH_4 放电特性,并由此得出了尘埃颗粒的一些特性;第 3 章在此基础上研究二维甚高频放电中相位差对 SiH_4、SiH_4/H_2 等反应性气体放电特性的影响;第 4 章给出了 $SiH_4/NH_3/N_2$ 等反应性气体放电特性。第二篇是低温大气压反应性气体放电,包括第 5 章至第 7 章,第 5 章简要介绍了低温大气压等离子体放电的基础知识;第 6 章研究了大气压 C_2H_2 和 C_2H_2/Ar 微放电中纳米颗粒形成和生长机制,并揭示了各种放电参数的变化对等离子体特性和纳米颗粒生长行为的影响;第 7 章主要阐明了射频容性耦合乙炔微放电中等离子体放电模式及模式转换前后等离子体密度、电子温度和碳纳米颗粒密度的跳变行为。

本书在撰写过程中,参考了大量国内外相关领域的论文资料,也得到了大连理工大学物理学院和齐齐哈尔大学理学院的领导、老师的大力支持,在此一并致以真挚的感谢。本书的出版得到了国家自然科学基金(项目名称:射频大气压微等离子放电中碳纳米颗粒形成机理研究,项目编号:11805107)及黑龙江省省属高等学校基本科研业务费科研项目(项目名称:掺杂气体对非晶碳薄膜中纳米颗粒形成机理的影响研究,项目编号:135509124)的资助。

本书可为等离子体物理相关领域研究者提供借鉴和参考。

因作者水平有限,书中疏漏之处在所难免,恳请读者批评指正。

著 者
2021 年 7 月

目　　录

第一篇　低温低气压反应性气体放电

第1章　低温低压等离子体物理基础 ·············· 3
1.1　低温等离子体物理简介 ·············· 3
1.2　低温等离子体源 ·············· 4
1.3　低温等离子体放电的研究方法 ·············· 7
1.4　本章小结 ·············· 9

第2章　射频 SiH₄ 放电(一维模拟) ·············· 10
2.1　SiH₄ 气体研究背景 ·············· 10
2.2　硅烷等离子体放电特性 ·············· 12
2.3　纳米颗粒特性 ·············· 21
2.4　模拟结果与讨论 ·············· 31
2.5　本章小结 ·············· 40

第3章　甚高频 SiH₄、SiH₄/H₂ 放电(二维模拟) ·············· 41
3.1　引言 ·············· 41
3.2　二维模型描述 ·············· 43
3.3　模拟结果与讨论 ·············· 45
3.4　本章小结 ·············· 52

第4章　SiH₄/NH₃/N₂ 放电 ·············· 53
4.1　引言 ·············· 53
4.2　低频脉冲 SiH₄/NH₃/N₂ 放电 ·············· 53
4.3　双频 SiH₄/NH₃/N₂ 放电 ·············· 61
4.4　本章小结 ·············· 66

第二篇　低温大气压反应性气体放电

第5章　低温大气压等离子体物理基础 ·············· 69
5.1　大气压等离子体物理简介 ·············· 69
5.2　大气压气体放电形式 ·············· 70
5.3　大气压等离子体放电的研究方法 ·············· 76
5.4　本章小结 ·············· 77

第 6 章　大气压乙炔微等离子体放电 ·· 78

　　6.1　引言 ··· 78

　　6.2　模型描述 ··· 79

　　6.3　模拟结果与讨论 ··· 95

　　6.4　本章小结 ··· 104

第 7 章　乙炔微放电中模式转换现象 ·· 105

　　7.1　引言 ··· 105

　　7.2　模型描述 ··· 106

　　7.3　模拟结果与讨论 ··· 107

　　7.4　本章小结 ··· 113

结论 ·· 114

参考文献 ·· 116

第一篇　低温低气压反应性气体放电

第1章　低温低压等离子体物理基础

目前,低温等离子体技术在材料表面处理、微电子器件加工、化学合成、环境保护及空间预报等领域得到了广泛应用。特别是低温等离子体微细加工手段已成为一项影响全球经济发展的尖端制造技术。因为它是微电子器件、微光学器件及微机械系统等制备的基础,特别是在超大规模集成电路制造过程中,有近三分之一的工序使用的是等离子体技术,如等离子体沉积、等离子体刻蚀及等离子体去胶等,其中等离子体沉积是最为关键的工艺流程之一。当前,等离子体增强化学气相沉积法(plasma enhanced chemical vapor deposition,PECVD)工艺发展的趋势是面积大、均匀性好、沉积速率高以及低温沉积环境等。这就要求我们能够提出控制和优化工艺过程的新方法,特别是要研究清楚外界放电参数对等离子体状态参数的调制,以及等离子体状态参数与工艺过程的关系等。

本章旨在对低温低压等离子体基础及其应用做概括性叙述。

1.1　低温等离子体物理简介

用于固体材料表面处理的等离子体的电子温度都较低($T_e = 1 \sim 10$ eV),因此被称为低温等离子体。低温等离子体根据电子和离子之间是否达到热平衡大致可以分为两类,即冷等离子体和热等离子体。冷等离子体的电子密度和电子温度通常较低,电子密度 $n_e = 10^8 \sim 10^{13}$ cm^{-3},电子温度 $T_e = 1 \sim 10$ eV,而离子温度一般保持在室温($T_i \approx 300$ K),从而 $T_e \gg T_i$,电子和离子没有达到热平衡,冷等离子体的称呼由此而来。微电子工业中采用的全部是冷等离子体。冷等离子体放电中,电离度通常较低,一般只有 $10^{-5} \sim 10^{-1}$,很少有完全电离的情况,为此对应的放电气压也较低,$P = 1$ mTorr ~ 1 Torr①,能量主要耦合在电子上。由于分子气体的化学键的键能大多为 $1 \sim 10$ eV,因此放电的主要作用是产生电子并破坏化学键,从而生成各种自由基和正离子,自由基和离子能与材料表面发生反应,从而去除部分材料(刻蚀)或在材料表面形成薄膜(沉积)。本篇提到的低温等离子体,都是指冷等离子体。

众所周知,实验室等离子体都不能自持,要产生稳定的等离子体,必须采用合适的方法将能量不断输入等离子体中,即通常所说的等离子体加热。等离子体加热机制几乎是所有等离子体物理分支都要研究的最重要的问题。等离子体的加热可以采用辐射、升温、高能中性束注入等方法来实现,当然最常见而且最实用的方法是利用电磁波和等离子体的相互作用。低温等离子体中,等离子体由电子的碰撞电离维持,能量主要耦合在电子上,只有电

---

① 1 Torr $= \dfrac{1}{760}$ atm $= 133.322\,4$ Pa。

子的加热是重要的,因此此处提到的加热机制都是针对电子的。对于低温等离子体,可以采用射频、直流和微波源,特别高的频率是不适用于低温等离子体的。其原因是,如果把电磁波的能量有效地耦合到等离子体中,等离子体和电磁波之间的频率比不能太高也不能太低,且电磁波的趋附深度 δ_{em} 应该与等离子体尺度 L 相当,此时电磁波与等离子体将发生共振吸收。这是由于电磁波频率太高时, $\delta_{em} \gg L$,电磁波将直接穿过等离子体,而频率太低时, $\delta_{em} \ll L$,电磁波会被等离子体全反射,此时能量将无法有效地耦合到等离子体中。同时低温等离子体中离子必须保证是冷的,因此通常希望只加热电子而并不加热离子。这使得电子密度不能太高,因为当电子密度太高时,即使电磁波不加热离子,通过库仑碰撞电子也能将能量转移给离子,从而使得离子的温度升高。要想维持低温等离子体,电子和离子之间的库仑碰撞频率必须远低于电子与中性气体及离子与中性气体的碰撞频率,为此电子密度一般情况下不应超过 10^{13} cm^{-3},其截止频率几乎都在微波频段,因此对应的有效加热等离子体的电磁波频率也应小于微波频段。

1.2　低温等离子体源

低温等离子体源中,高能电子的存在能够引起非平衡化学反应,产生大量的化学活性粒子。为实现超微细、大面积和高速加工的要求,等离子体必须具备低气压、大口径、高密度($10^{10} \sim 10^{12}$ cm^{-3})等特性。但是降低工作气压或者增加口径会导致等离子体密度的降低。解决这种矛盾的一种常用方法是采用高频放电来产生等离子体,这使得电源功率可以更有效地耦合到等离子体中,为此可以大大提高等离子体的密度。目前,最具代表性的高频放电方法包括容性耦合放电、微波电子回旋共振放电、感性耦合放电、螺旋波放电及表面波放电等。下面仅就射频容性耦合等离子体源、微波电子回旋共振等离子体源和射频感应耦合等离子体源做简单介绍。

1.2.1　射频容性耦合等离子体源

射频容性耦合等离子体(capacitively coupled plasma, CCP)是通过匹配器把射频源电压加到两块平行平板电极上进行放电而产生的,两个平板电极和等离子体构成一个等效电容器,如图 1.1 所示。射频容性耦合放电是靠欧姆加热和振荡鞘层加热机制维持的。

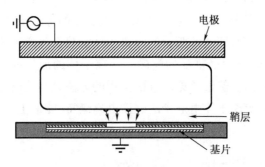

电极

鞘层

基片

图 1.1　射频容性耦合等离子体示意图

　　由于射频电压的引入,两电极附近将形成一个容性鞘层,且鞘层的边界是快速振荡的。当电子运动到鞘层边界时,被这种快速移动的鞘层反射进而获得能量,即随机加热。对于射频电压较高和气压较低的情况,随机加热机制占主导地位。射频容性耦合等离子体已有几年历史,是最早用于半导体刻蚀工艺的等离子体。在早期的等离子体刻蚀工艺中,采用的是单频的射频源。单频 CCP 放电的缺点之一是不能实现对等离子体密度(影响刻蚀速率)和轰击到晶片上离子角度分布(影响刻蚀各向异性)及离子能量(影响介电损伤)的独立控制。为了提高等离子体密度,必须增加射频电源的电压,但将导致鞘层电势和轰击到晶片上离子的能量也随之增加。过大的离子能量将会导致不必要的溅射和晶片过热,进而引起晶片的损伤。为了解决这个矛盾,近几年人们提出了双频(或多频)电源驱动 CCP 放电,这种装置一般包括两个不同频率的射频源,一个是高频电源,另一个是低频电源。两个电源施加在同一个极板上或分别施加在两个电极上,如图 1.2 所示。

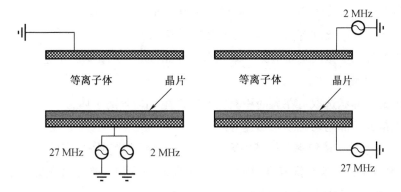

(a)两个电源施加在同一个极板上 　(b)两个电压分别施加在两个电极上

图 1.2 双频电源驱动等离子体放电示意图

　　一般情况下,两个电源的频率相差较大,如 27 MHz 和 2 MHz。根据熟知的定标关系可知,单频 CCP 放电中在电源偏压 V_{rf} 一定的情况下,等离子体密度 n 正比于驱动电源频率 ω 的平方,即 $n \propto \omega^2 V_{rf}$。而在双频(或多频)CCP 放电中,电子能量正比于高频源频率的平方和高频源施加的电压,也就是 $P_e \propto \omega_h^2 V_h \propto n$,从而决定等离子体的密度;而离子的振荡频率相对较低,而且有 $V_{rf_{Low}} > V_{rf_{High}}$,离子的密度、角度分布、能量分布等就由低频源来控制。一般来说,低频电源主要对鞘层特性和参数有影响,进而影响入射到基片上的离子能量分布,而高频电源主要对等离子体参数有影响。实验测量已经表明:通过选择适当的频率和功率,可以相对独立地控制等离子体密度和入射到基片上的离子能量。

1.2.2 微波电子回旋共振等离子体源

　　微波电子回旋共振(electron cyclotron resonance,ECR)等离子体是通过外磁场的选取,使真空室内某一区域里的电子回旋频率与微波源的频率相同或是微波源频率的整数倍,从而电子回旋运动将与微波场共振,电子从微波场中得到能量再与中性气体碰撞使气体电离,形成等离子体,非均匀的磁场将生成的等离子体推入工作室,如图 1.3 所示。

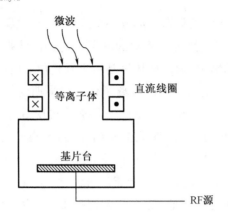

图1.3　微波电子回旋共振等离子体源示意图

微波电子回旋共振等离子体是非常典型的双频等离子体,具有如下优点:

(1)可以产生高密度等离子体(粒子密度 $> 10^{12}$ cm $^{-3}$);

(2)可以产生高电离度等离子体(电离度约10%);

(3)可以通过改变微波功率的大小来调节电子密度、电子温度以及电子能量分布,进而增加高能电子的含量;

(4)通过磁场形状选取可在大面积真空腔室产生均匀等离子体;

(5)可以借助于非均匀磁场来加速等离子体。

然而,由于微波ECR等离子体源需要外加磁场线圈,装置成本高且体积大,同时由于控制等离子体均匀性的技术非常复杂,增加了产生大面积均匀等离子体的难度,为此该种等离子体源很难被广泛地应用到超大面积晶圆的超微细加工中。

1.2.3　射频感应耦合等离子体源

射频感应耦合等离子体(inductively coupled plasma, ICP)源的原理是通过坐落在石英窗顶部或者绕在石英玻璃管上的电流线圈加热进而产生等离子体,如图1.4所示。当线圈中加上交变射频电流时,在石英玻璃反应器中就形成了交变的磁场,而交变磁场可以感应出交变的电场,ICP装置就是通过感应电场使得反应腔室中的气体电离而产生等离子体。电流源的频率范围一般为几百kHz到几MHz,最常用的射频源频率为13.56 MHz。按照放电线圈的形状和位置,射频感应耦合等离子体可分为以下两种类型:

(1)将射频线圈缠绕在柱状放电室的侧面(图1.4(a));

(2)将线圈放置在放电室的顶部(图1.4(b))。

这两种放电装置中线圈中的交变电流会产生时变磁场,根据法拉第电磁感应定律,磁场将会感生一个电场。电场线闭合并平行于外部线圈,在电场的作用下电子将形成射频电流,进而使得等离子体放电。低气压下ICP可以产生高密度的等离子体,另一方面由于ICP不需要采用高压射频电极,进而将减少在容性耦合等离子体中产生的污染。与微波等离子体(ECR和helicon)源相比,射频感应耦合等离子体源装置比较简单,不需要复杂的微波设备和笨重的直流外磁场。

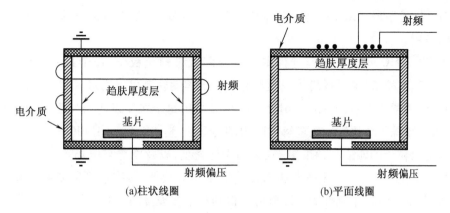

图1.4 射频感应耦合等离子体源示意图

　　射频感应耦合等离子体源具有工作气压低(0.1~1 Pa)、等离子体密度高(10^{11}~10^{12} cm^{-3})、装置结构简单和等离子体参数易于控制等优点,因此其在等离子体辅助加工领域中具有广泛的应用。特别是对于半导体芯片刻蚀工艺,利用射频感应耦合等离子体可以获得很好的各向异性刻蚀和很高的刻蚀速率。

1.3　低温等离子体放电的研究方法

　　低温等离子体放电的研究方法主要包括理论模拟和实验测量两种方法。

1.3.1　理论模拟

　　目前,等离子体放电的理论模拟方法大致可分为三种,即解析模型、粒子模型和流体模型。

1. 解析模型

　　解析模型是指模型参数、初始条件和其他输入信息及模拟时间和结果之间的一切关系均以公式、方程式和不等式的形式来表示。该模型可以给出等离子体参量的直观表达式,能够快速地得到物理参量的变化趋势。然而,另一方面由于在解析模型中需要做较多假设,因此解析模型并不适合对放电过程物理量进行精确地求解。

2. 粒子模型

　　粒子模型是指通过跟踪大量带电粒子在自洽场和外加电磁场作用下的运动来研究等离子体特性的方法。最早的粒子模拟起源于20世纪50年代,由Buneman和Dawson计算了周期性变化系统中的粒子运动轨迹。Particle-in-cell(PIC)方法产生于20世纪60年代,即用一个超粒子代表多个实际粒子。Dawson应用PIC方法模拟出了当时在理论上已经预言但还未经实验证实的朗道阻尼现象。20世纪80年代,Birdsall和Langdon(1991)出版了关于粒子模拟理论的专著,为粒子模拟确立了理论基础。与此同时,随着计算机运算速度的不断增加,粒子模拟技术在学术研究中被越来越广泛地采用,对粒子模拟的研究也进入一个相对活跃的阶段。从 20 世纪 90 年代至今,PIC - MC 方法在等离子体源的研究中得到了广泛的应用。

应用 PIC - MC 方法在求解过程中需要跟踪大量的超粒子,每个超粒子代表实际的 $10^6 \sim 10^9$ 个基本粒子(电子或离子),这些超粒子的运动轨迹可以通过求解牛顿运动方程来得到,同时应用蒙特卡洛(Monte Carlo)方法可以得出每个粒子发生碰撞后的角度和能量,这样,就可以跟踪每个超粒子在求解时间内的运动轨迹。因此,运用 PIC - MC 方法可以很精确地求解出粒子的能量与角度分布、等离子体密度,以及电势与电场等参量。但是由于跟踪的粒子数量十分庞大,这种方法的计算效率相对较低,每次计算需要花费很长时间。在系统达到稳态之后,用统计的方法就可以得到各个物理量的分布。粒子模拟无须假设电子与离子处在平衡状态之下,其适用的范围更广,可在流体模型不适用的情况下进行精确地求解。但是,由于粒子模拟需要跟踪大量的超粒子,其计算的强度远远大于流体模型,对于同样的问题,特别是计算负担较重的二维或三维问题,粒子模拟的计算效率大大降低,有些问题甚至需要大型的服务器进行长时间计算,其计算的成本也随之提高。

3. 流体模型

流体模型,把等离子体中的电子、离子及其他带电粒子当作流体来处理,这样处理的好处是模型简单,并且可以对宏观的等离子体参数进行快速准确地求解,计算速度快、效率高,适合二维、三维计算,而且流体模拟容易耦合化学反应、中性气体和自由基输运模块。此外,流体模型的网格剖分技术要成熟得多,可以模拟实际工业反应器的复杂形状。由于硅烷及乙炔等反应性气体放电会产生尘埃颗粒,而尘埃颗粒的形成需要经过一系列的化学反应链反应,因此需全面地研究粒子的种类,包括电子、离子、基团粒子、纳米团簇及中性气体等,这涉及了 50 多种反应粒子及几百种化学反应。在这种情况下,流体力学模拟是最为有效的方法。此外,由于硅烷及乙炔气体放电中所涉及的化学反应种类及数量非常多,而电子温度、等离子体密度、自由基密度以及离子能量等直接决定了沉积薄膜的质量及种类,例如离子能量过高将会击穿薄膜,不利于表面结晶,而高等离子体密度将会提高薄膜的沉积速率。等离子体参数,如电子温度、离子密度及离子能量等除了受到诸如进气速度、驱动功率、放电气压等工艺参数的影响外,同时与放电装置结构密切相关。因此,对硅烷、乙炔等反应器内部进行数值模拟,一方面可以详细地描述纳米颗粒的形成及生长过程;另一方面可以与实验测量结果相互对比、印证。

1.3.2 实验测量

实验测量是针对具体问题设计相应的实验装置,配备必需的测量手段,研究硅烷、乙炔等反应性气体放电中等离子体参数,如电子密度、离子密度、中性粒子密度、电子温度、光强等,以及尘埃颗粒特性如尘埃颗粒尺寸、密度、电荷及尘埃颗粒所聚集的位置。这些参数可以直接与理论模拟结果相互对比、印证。主要的实验诊断方法有以下三种。

1. 朗缪尔探针诊断法

朗缪尔探针(langmuir probe,LP)诊断法:在硅烷放电的实验研究中,等离子体基本参数主要采用朗缪尔探针测量,通过分析测得的伏安特性曲线,确定等离子体的空间电位、电子密度、电子温度及电子能量分布函数等。朗缪尔探针诊断法是一种相对简单、成本低的诊断方法,可以测量的等离子体密度范围为 $1 \sim 10^{14}$ cm^{-3},电子温度为 $0.1 \sim 10^3$ eV,电压为 $0.1 \sim 10^4$ V,测量范围很广,很实用。然而在高气压下的探针理论、探针信号的去噪声技术、磁场存在情况下的探针理论、探针的防污染和防融化技术、鞘层中的探针技术等方面还需要进一步完善。

2. 激光散射法

激光散射(laser light scattering,LLS)法:此方法目前广泛地应用于测量尘埃等离子体参数,它可以实时地测量尘埃颗粒电荷、密度、尺寸等。具体测量方法为通过校准过的散射光强或从透射光的衰减中得到尘埃颗粒的密度。此方法的最大好处是尘埃颗粒的光散射截面是其半径的强函数,因此这种实验很容易实现。此外,通过测量尘埃颗粒散射的光强和不同散射光的相差可以导出尘埃颗粒的特性,进而给出尘埃颗粒尺寸大小及尘埃颗粒密度的空间分布。用简单的激光散射法不可能得到所有的参数,因此又发展了一些特殊的激光散射法,如二维激光散射法和偏振激光散射法。通过测量被尘埃颗粒散射的光强和不同散射光的相差导出尘埃颗粒的特性,可以给出尘埃颗粒密度和大小的空间分布。偏振激光散射法利用光的不同偏振成分,可同时测出尘埃颗粒密度和大小。

3. 等离子体发射光谱法

等离子体发射光谱法(optical emission spectroscopy,OES):其作为一种无干扰方法可用于多种等离子体特性的诊断。等离子体发射光谱法可用于测量等离子体的成分及各成分含量、电子温度、电子密度及分子的转动温度,并用于推断相关反应过程。等离子体发射光谱法在低温等离子体诊断中的应用早期主要有两个方面:刻蚀及沉积工艺过程的机理诊断和非稳态等离子体发光过程的时间行为分析。等离子体发射光谱法具有很多优点,如仪器系统简单、适用范围广、环境条件要求低等,因此在大部分等离子体诊断中起着重要的作用。

1.4 本 章 小 结

低温等离子体技术已成为半导体集成电路生产中的关键技术,在等离子体技术中,利用硅烷气体放电进行各种高性能薄膜沉积、表面改性、制取超细粉末、烧结合成材料等,促进了材料工艺的蓬勃发展,也促进了尘埃等离子体研究的发展。

第 2 章　射频 SiH_4 放电(一维模拟)

2.1　SiH_4 气体研究背景

非晶硅薄膜(amorphous silicon)由于具有独特的性能,被用作太阳能电池材料,在工业中得到了广泛应用。而非晶硅薄膜太阳能电池作为廉价的太阳能电池产品之一也已具有相当的工业规模(参考文献[16])。

非晶硅太阳能电池具有以下 4 个优点:

(1)材料和制造工艺成本低;

(2)具有易于形成大规模的生产能力;

(3)多品种、多用途;

(4)易于柔性化。

但是,非晶硅薄膜也有一些缺点,如电池效率较低,其太阳能电池的光电转化效率在太阳光的长期照射下有一定的衰减,并且到目前为止这些问题仍没有得到根本解决。

化学气相沉积技术是主要的非晶硅薄膜制备技术,包括等离子体增强化学气相沉积(PECVD)技术、热丝化学气相沉积(HW – CVD)技术和光化学气相沉积(photo – CVD)技术等,而最常用的是 PECVD 技术。实际上,Chittick 等利用放电分解硅烷制备了含氢非晶硅薄膜(a–Si:H),通过氢修复悬挂键等缺陷,提高非晶硅太阳能电池的稳定性,推动了非晶硅太阳能电池的大规模生产、应用。

射频 PECVD 技术是当今普遍采用的制备 a – Si 薄膜的方法。它的特点是:

(1)等离子体密度较低,导致沉积速率较低;

(2)离子轰击基片的能量高,有利于表面的活化(适用于沉积一些非晶薄膜)。

利用射频 PECVD 技术可以在 200 ℃ 左右的衬底温度下成功地生成非晶硅薄膜,且可以重复制备大面积均匀薄膜,得到的 a – Si 薄膜无结构缺陷、隙态密度低,光电子特性满足大面积太阳能电池的要求。但是此法的致命缺点为制备的 a – Si 薄膜含氢量高(5% ~ 10%),且光致衰退较严重。因此,人们一方面应用这一方法实现了非晶硅薄膜太阳能电池的规模化生产,另一方面又在不断地努力探索新的制备技术。

射频等离子体增强化学气相沉积过程中,等离子体一般由反应性气体(硅烷)经过电离、附着、解离等过程产生正负离子和自由基粒子。这些活性基团向薄膜生长表面及管壁扩散和输运,同时各反应物之间又会发生复杂的物理化学反应,生成的各种反应产物在到达薄膜表面后被吸附,并与表面发生反应产生一些易挥发的物质,从而引起薄膜沉积,如图 2.1 所示。然而在薄膜沉积过程中,气相聚合条件下易形成量子点和纳米颗粒,并用于制备光电性能良好的氢化无定形硅薄膜材料。另一方面,纳米粒子具有较大的比表面积,其还可以用于新型纳米材料和电子器件的研发。鉴于尘埃颗粒在工业上的这些应用,笔者认为非常有必要对尘埃颗粒的形成机理及物理特性进行细致的研究。

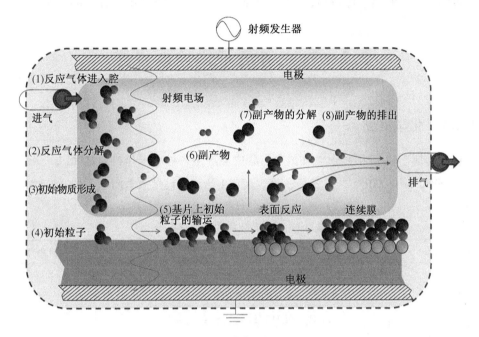

图2.1　薄膜沉积过程

许多研究学者针对尘埃颗粒的形成和生长进行了大量的研究。1996年,H. Wang和Kushner针对低气压感应耦合等离子体(ICP),首次开展了尘埃粒子输运过程的流体力学模拟,并重点研究了射频偏压对尘埃粒子悬浮过程的影响,不过,该项研究是针对氩等离子体,且假设尘埃颗粒是人为撒入放电室中。1997年Nienhuis等建立了一维自洽流体模型,给出SiH₄/H₂放电的一些物理特性,并讨论了沉积速率与外部参数及混合气体组分的关系。Gallagher等采用了一个简单的等离子体化学模型分析硅烷放电中电子及离子特性,该模型应用了颗粒密度的真实估计法及中性化速率系数。最近,比利时的De Bleek等在此模型上加以扩展,详细地研究了尘埃粒子的形成、生长及输运过程,并且对其中的物理过程与物理现象有了很好的了解。在此基础上,他们又讨论了给定颗粒半径的尘埃粒子的形成过程,并分析了它们的充电及输运机制。

近年来,为了更好地实现等离子体密度和离子轰击能量的分离控制,研究人员在传统的容性耦合等离子体源基础上,发展形成了新型双频容性耦合等离子体源(dual - frequency capacitively coupled plasma, DF - CCP),其中,高频电源能产生高密度的等离子体密度,而低频电源可以使离子在鞘层中获得较高的能量,有利于表面的轰击及活化。然而,到目前为止,对双频CCP中尘埃粒子的生长状况研究还很不完善,特别是双频放电中放电参数对尘埃粒子特性影响方面的研究更少之又少。

本章采用流体力学模型研究双频源对尘埃粒子特性的影响:一方面是由于采用流体模型可以准确地把握尘埃粒子的形成过程;另一方面是由于硅烷是化学活性气体,在放电过程中会产生各种粒子,粒子间又会发生一系列化学反应,使得产生尘埃粒子过程中的化学反应非常复杂(化学反应160多个,反应粒子36种)。采用流体模型可以使计算量大幅度降低。本书主要研究了双频源频率、双频源电压和气压对尘埃粒子特性的影响,并探讨了纳米颗粒的产生对等离子体特性,如电子温度、等离子体密度及电场强度的影响。

2.2 硅烷等离子体放电特性

2.2.1 化学反应

SiH_4 气体属于化学活性气体,在放电过程中会产生各种离子与自由基团,如 SiH_3^+、SiH_4^+、H_2^+、SiH_2^-、SiH_3、SiH_2、$SiH_4^{(2\sim4)}$、$SiH_3^{(1\sim3)}$ 等。表2.1给出了硅烷放电所考虑的所有粒子。

表 2.1　硅烷放电考虑的所有粒子

中性气体	带电离子	自由基团
SiH_4,H_2	SiH_3^+,$Si_2H_4^+$,H_2^+,e^-	SiH_3,H
Si_2H_6	SiH_3^-,$Si_2H_5^-$,$Si_3H_7^-$	SiH_2
$SiH_4^{(2\sim4)}$	$Si_4H_9^-$,$Si_5H_{11}^-$,$Si_6H_{13}^-$,$Si_7H_{15}^-$,$Si_8H_{17}^-$	
$SiH_4^{(1\sim3)}$	$Si_9H_{19}^-$,$Si_{10}H_{21}^-$,$Si_{11}H_{23}^-$,$Si_{12}H_{25}^-$	
	SiH_2^-,$Si_2H_4^-$,$Si_3H_6^-$	
	$Si_4H_8^-$,$Si_5H_{10}^-$,$Si_6H_{12}^-$,$Si_7H_{14}^-$,$Si_8H_{16}^-$	
	$Si_9H_{18}^-$,$Si_{10}H_{20}^-$,$Si_{11}H_{22}^-$,$Si_{12}H_{24}^-$	

电子与硅烷气体间的化学反应及相应的能量阈值如表2.2所示。需要特别指出的是,在硅烷放电中产生激发态的气体 $SiH_4^{(2\sim4)}$ 和 $SiH_4^{(1\sim3)}$,而这两种气体又参与电离、解离和附着反应,使得整体等离子体密度较高。

表 2.2　电子与硅烷气体间的化学反应及相应的能量阈值

序号	反应	能量/eV	反应类型
1	$SiH_4 + e^- \longrightarrow SiH_3^+ + H + 2e^-$	11.9	分解电离
2	$SiH_4^{(2\sim4)} + e^- \longrightarrow SiH_3^+ + H + 2e^-$	11.8	分解电离
3	$SiH_4^{(1\sim3)} + e^- \longrightarrow SiH_3^+ + H + 2e^-$	11.7	分解电离
4	$Si_2H_6 + e^- \longrightarrow Si_2H_4^+ + 2H + 2e^-$	10.2	分解电离
5	$SiH_4 + e^- \longrightarrow SiH_4^{(2\sim4)} + e^-$	0.113	振动激发
6	$SiH_4 + e^- \longrightarrow SiH_4^{(1\sim3)} + e^-$	0.271	振动激发
7	$SiH_4 + e^- \longrightarrow SiH_3 + H + e^-$	8.3	解离
8	$SiH_4^{(2\sim4)} + e^- \longrightarrow SiH_3 + H + e^-$	8.2	解离

表 2.2(续)

序号	反应	能量/eV	反应类型
9	$SiH_4^{(1\sim3)} + e^- \longrightarrow SiH_3 + H + e^-$	8.1	解离
10	$SiH_4 + e^- \longrightarrow SiH_2 + 2H + e^-$	8.3	解离
11	$SiH_4^{(2\sim4)} + e^- \longrightarrow SiH_2 + 2H + e^-$	8.2	解离
12	$SiH_4^{(1\sim3)} + e^- \longrightarrow SiH_2 + 2H + e^-$	8.1	解离
13	$SiH_6 + e^- \longrightarrow SiH_3 + SiH_2 + H + e^-$	7.0	解离
14	$SiH_4 + e^- \longrightarrow SiH_3^- + H$	5.7	解离附着
15	$SiH_4^{(2\sim4)} + e^- \longrightarrow SiH_3^- + H$	5.6	解离附着
16	$SiH_4^{(1\sim3)} + e^- \longrightarrow SiH_3^- + H$	5.5	解离附着
17	$SiH_4 + e^- \longrightarrow SiH_2^- + 2H$	5.7	解离附着
18	$SiH_4^{(2\sim4)} + e^- \longrightarrow SiH_2^- + 2H$	5.6	解离附着
19	$SiH_4^{(1\sim3)} + e^- \longrightarrow SiH_2^- + 2H$	5.5	解离附着
20	$H_2 + e^- \longrightarrow H_2^+ + 2e^-$	15.4	电离
21	$H_2^0 + e^- \longrightarrow H_2^{(v=1)} + e^-$	0.54	振动激发
22	$H_2^0 + e^- \longrightarrow H_2^{(v=2)} + e^-$	1.08	振动激发
23	$H_2^0 + e^- \longrightarrow H_2^{(v=3)} + e^-$	1.62	振动激发
24	$H_2 + e^- \longrightarrow H + H + e^-$	8.9	解离

本研究通过两项近似法最终求得各种电离、解离和附着系数等,详情如下。

1. 电子系数计算

在射频放电中,由于非弹性碰撞占主导地位,因此电子的分布函数是明显偏离麦克斯韦分布的,在此前发表的大部分工作中,漂移和扩散系数都由麦克斯韦分布给出,结果不够精确。本模拟中采用两项展开,即对线性化、非局域的 Vlasov 方程进行数值求解,计算出电子的分布函数,并与截面数据相乘后对速度空间积分,进而给出较为精确的输运系数。详细的推导过程如下。

对于电子的分布函数 f_e 来说,服从玻尔兹曼方程,即

$$\frac{\partial f_e}{\partial t} + \boldsymbol{v} \cdot \nabla f_e + \frac{F}{m} \cdot \nabla_v f_e = \frac{\partial f_e}{\partial t}\bigg|_c \tag{2.1}$$

一般来说,我们假设电子处于热平衡状态,电子分布函数为麦克斯韦分布,则

$$f_e(\boldsymbol{v}) = n_e \left(\frac{m}{2\pi e T_e}\right)^{3/2} \exp\left(-\frac{mv^2}{2eT_e}\right) \tag{2.2}$$

但是某些速率常数和一些放电参数对分布函数很敏感,如果电子分布函数偏离了麦克斯韦分布,这些参数将会有很大的变化。这样,麦克斯韦分布的假设就不成立,因此,需要利用玻尔兹曼方程求解 f_e。但是,自洽地求解玻尔兹曼方程是非常困难的,该方程里有 7 个变量 $(x, y, z, v_x, v_y, v_z, t)$,所以在求解过程中需要做各种近似来进行简化处理。

一种常见且很有用的简化方法就是两项近似法。在此种方法中,假设电子的分布函数

零阶项是各项同性的,而一阶项则反映了电子分布的各项异性:

$$f_e = f_{e0} + \frac{\upsilon \cdot f_{e1}}{\upsilon} \tag{2.3}$$

将式(2.3)用球谐函数展开,保留最低阶项,可得

$$\frac{\partial f_{e0}}{\partial t} + \cos\varphi\,\frac{\partial f_{e1}}{\partial t} + \upsilon\cos\varphi\,\frac{\partial f_{e0}}{\partial z} + \upsilon\cos^2\varphi\,\frac{\partial f_{e0}}{\partial z} -$$

$$\frac{e}{m}E_z\cos\varphi\,\frac{\partial f_{e0}}{\partial \upsilon} - \frac{e}{m}E_z\left[\frac{f_{e1}}{\upsilon} + \upsilon\frac{\partial}{\partial \upsilon}\left(\frac{f_{e1}}{\upsilon}\right)\cos^2\varphi\right]\nabla_u f_e = \left.\frac{\partial f_e}{\partial t}\right|_c \tag{2.4}$$

将式(2.4)乘以 $\sin\varphi$,并对 φ 从 0 到 π 积分,最后整理可得

$$\frac{\partial f_{e0}}{\partial t} + \frac{\upsilon}{3}\frac{\partial f_{e1}}{\partial z} + \frac{e}{m}E_z\frac{1}{3\upsilon^2}\frac{\partial}{\partial \upsilon}(\upsilon^2 f_{e1}) = 0 \tag{2.5}$$

将式(2.4)乘以 $\sin\varphi\cos\varphi$,并对 φ 从 0 到 π 积分,可得

$$\frac{\partial f_{e1}}{\partial t} + \upsilon\frac{\partial f_{e0}}{\partial z} - \frac{e}{m}E_z\frac{\partial}{\partial \upsilon}(f_{e0}) = -\nu_m(\upsilon)f_{e1} \tag{2.6}$$

ν_m 为动量转移碰撞频率,表达式如下:

$$\nu_m(\upsilon) = n_g\sigma_m(\upsilon)\upsilon \tag{2.7}$$

通过以上简化,在高频或低压条件下,f_{e0} 就变成了麦克斯韦分布,这样整个方程就得到了简化处理。

电子的电离系数、吸附系数及复合系数等都可通过下式求得,即

$$K_{jm} = \frac{4\pi}{n_e}\int_\upsilon^\infty \sigma_{jm}(\upsilon)f_e(\upsilon)\upsilon^3\mathrm{d}\upsilon \tag{2.8}$$

式中,$\sigma_{jm}(\upsilon)$ 为电离或吸附截面,如图 2.2 所示。这样通过式(2.8)就求得了与电子相关的输运系数。

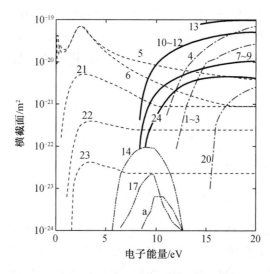

图 2.2　电子与硅烷气体碰撞的截面

注:曲线 a 表示通过 SiH₄ 的解离附着产生 SiH⁻,由于截面非常低,所以没有包含在我
们的模型中。振动激发的 SiH₄ 分子的解离附着被曲线 14 和 17 所描述。

2. 混合气体系数计算

在本研究中,中性气体较多,因此中性气体与中性气体间化学反应以及离子与中性气体之间的化学反应较多,如表2.3和表2.4所示。

表2.3 中性气体与自由基粒子之间的化学反应

序号	反应	速率系数 $/(\mathrm{m^3/s})$	备注
1	$SiH_4 + H \longrightarrow SiH_3 + H_2$	1.2×10^{-18}	$2.8 \times 10^{-17}[\exp(-1\,250/T_{gas})]$
2	$Si_2H_6 + H \longrightarrow Si_2H_5 + H_2$	7.0×10^{-18}	$1.6 \times 10^{-16}[\exp(-1\,250/T_{gas})]$
3	$Si_2H_6 + H \longrightarrow SiH_3 + SiH_4$	3.5×10^{-18}	$0.8 \times 10^{-16}[\exp(-1\,250/T_{gas})]$
4	$Si_nH_{2n+2} + H \longrightarrow Si_nH_{2n+1} + H_2$	1.1×10^{-17}	$2.4 \times 10^{-16}[\exp(-1\,250/T_{gas})]$ $n=3,4,\cdots,12$
5	$SiH_2 + H_2 \longrightarrow SiH_4$	2.7×10^{-20}	$3.0 \times 10^{-18}[1-(1-2.3 \times 10^{-4}p_0)^{-1}]^a$
6	$SiH_2 + SiH_4 \longrightarrow Si_2H_6$	2.3×10^{-17}	$2.0 \times 10^{-16}[1-(1+0.003\,2p_0)^{-1}]^a$
7	$SiH_2 + Si_nH_{2n+2} \longrightarrow Si_{n+1}H_{2n+4}$	4.9×10^{-17}	$4.2 \times 10^{-16}[1-(1+0.003\,2p_0)^{-1}]^a$ $n=2,3,\cdots,11$
8	$Si_2H_5 + Si_2H_5 \longrightarrow Si_4H_{10}$	1.5×10^{-16}	
9	$SiH_3 + SiH_3 \longrightarrow SiH_2 + SiH_4$	1.5×10^{-16}	

表2.4 离子与中性气体及中性气体与中性气体间的化学反应

序号	反应	速率系数 $/(\mathrm{m^3/s})$	备注
1	$Si_nH_{2n+1}^- + SiH_4 \longrightarrow Si_{n+1}H_{2n+3}^- + H_2$	1.0×10^{-18}	$n=1,2,\cdots,11$
2	$Si_nH_{2n+1}^- + SiH_4^{(2-4)} \longrightarrow Si_{n+1}H_{2n+3}^- + H_2$	2.6×10^{-17}	$10^{-18} \times \exp[+(0.113\ \mathrm{eV})/RT]$ $n=1,2,\cdots,11$
3	$Si_nH_{2n+1}^- + SiH_4^{(1-3)} \longrightarrow Si_{n+1}H_{2n+3}^- + H_2$	1.0×10^{-15}	$10^{-18} \times \exp[+(0.271\ \mathrm{eV})/RT]$ $n=1,2,\cdots,11$
4	$Si_nH_{2n}^- + SiH_4 \longrightarrow Si_{n+1}H_{2n+2}^- + H_2$	1.0×10^{-18}	$n=1,2,\cdots,11$
5	$Si_nH_{2n}^- + SiH_4^{(2-4)} \longrightarrow Si_{n+1}H_{2n+2}^- + H_2$	2.6×10^{-17}	$10^{-18} \times \exp[+(0.113\ \mathrm{eV})/RT]$ $n=1,2,\cdots,11$
6	$Si_nH_{2n}^- + SiH_4^{(1-3)} \longrightarrow Si_{n+1}H_{2n+2}^- + H_2$	1.0×10^{-15}	$10^{-18} \times \exp[+(0.271\ \mathrm{eV})/RT]$ $n=1,2,\cdots,11$
7	$SiH_4^{(2-4)} + SiH_4 \longrightarrow 2SiH_4$	1.0×10^{-18}	
8	$SiH_4^{(1-3)} + SiH_4 \longrightarrow 2SiH_4$	1.2×10^{-18}	
9	$SiH_4^{(2-4)} + H_2 \longrightarrow SiH_4 + H_2$	3.7×10^{-18}	
10	$SiH_4^{(1-3)} + H_2 \longrightarrow SiH_4 + H_2$	4.1×10^{-18}	
11	$Si_nH_{2n+1}^- + SiH_3^+ \longrightarrow Si_nH_{2n+1} + SiH_3$	$\sim 10^{-14}$	$n=1,2,\cdots,12$
12	$Si_nH_{2n+1}^- + Si_2H_4^+ \longrightarrow Si_nH_{2n+1} + 2SiH_2$	$\sim 10^{-14}$	$n=1,2,\cdots,12$
13	$Si_nH_{2n}^- + SiH_3^+ \longrightarrow Si_nH_{2n} + SiH_3$	$\sim 10^{-14}$	$n=1,2,\cdots,12$
14	$Si_nH_{2n}^- + Si_2H_4^+ \longrightarrow Si_nH_{2n} + 2SiH_2$	$\sim 10^{-14}$	$n=1,2,\cdots,12$
15	$Si_nH_m^- + SiH_3 \longrightarrow Si_{n+1}H_{m+1}^- + H_2$	1.0×10^{-15}	$n=1,2,\cdots,11$

中性粒子的扩散系数是由低气压下双组分混合气体的扩散理论及 Blancs 定律求得的,扩散理论来自对玻尔兹曼方程的求解,其表达式如下:

$$D_{ij} = \frac{3}{16} \frac{(2\pi k_B T_{gas}/m_{ij})}{n\pi\sigma_{ij}^2 \Omega_D} \tag{2.9}$$

式中　D_{ij}——中性粒子 j 在背景气体 i 中的扩散系数(本研究中背景气体有 3 种,分别为

SiH_4、Si_2H_6、H_2),约化质量 $m_{ij} = \dfrac{m_i m_j}{m_i + m_j}$,$m_i$ 和 m_j 分别为粒子 i、j 的分子量;

n——混合气体的分子数密度,可由理想气体状态方程求得 $n = \dfrac{P_{tot}}{k_B T_{gas}}$,$P_{tot}$ 为混合气体

总气压,k_B 是玻尔兹曼常数,T_{gas} 为气体温度;

Ω_D——扩散碰撞积分,是温度的函数;

σ_{ij}——粒子 i、j 的直径平均值,$\sigma_{ij} = \dfrac{\sigma_i + \sigma_j}{2}$。

Ω_D 是无因次量,可以根据文献给出,也可以按内费尔德(neufeld)经验公式计算得到,即

$$\Omega_D = \frac{A}{(T^*)^B} + \frac{C}{\exp(DT^*)} + \frac{E}{\exp(FT^*)} + \frac{G}{\exp(HT^*)} \tag{2.10}$$

式中,$A = 1.060\,36$,$B = 0.156\,10$,$C = 0.193$,$D = 0.476\,35$,$E = 1.035\,87$,$F = 1.529\,96$,$G = 1.764\,74$,$H = 3.894\,1$;$T^* = k_B T_{gas}/\varepsilon_{ij}$,$\varepsilon_{ij} = (\varepsilon_i \varepsilon_j)^{0.5}$,$\varepsilon_i$ 和 ε_j 分别为中性粒子 i、j 的林纳德 – 琼斯势能函数。本研究的中性粒子势能参数列于表 2.5 中。

表 2.5　林纳德 – 琼斯势能参数

粒子	$\sigma/\text{Å}$	$\dfrac{\varepsilon}{k_B}/K$
SiH_4	4.084	207.6
Si_2H_4	4.42	230.0
H_2	2.827	59.7
H	2.5	30.0
SiH_3	3.943	170.3
SiH_2	3.803	133.1
Si_2H_5	4.717	306.9

首先,根据式(2.9)可以得到中性粒子 j 在背景气体 i 中的扩散系数 D_{ij},再由 Blancs 定律就可以得到中性粒子 j 的扩散系数 D_j:

$$\frac{P_{tot}}{D_j} = \sum_i \frac{P_i}{D_{ij}} \tag{2.11}$$

式中,i 代表背景气体;P_i 为背景气体 i 的气压。这样通过上述方法我们就得到了混合气体中中性粒子 j 的扩散系数 D_j。

式(2.11)通过非极性、球性和单原子分子构成的稀薄气体导出,尽管势能函数是经验值,但在很宽的温度范围内都得到了很好的近似。

3. 离子迁移率及扩散系数

对于离子迁移率,我们采用的是低电场 Langevin 理论及 Blancs 定律来求得,通过 Langevin 理论可以给出离子的迁移率表达式,即

$$\mu_{ij} = 0.514 \frac{T_{\text{gas}}}{P_{\text{tot}}} (m_{ij}\alpha_j)^{-0.5} \tag{2.12}$$

式中　μ_{ij}——粒子 j 在背景气体 i 中的迁移率($m^2/(V \cdot s)$);

　　　α_j——背景气体的极化率,单位为 Å³①,详见表 2.6。

表 2.6　硅烷等离子体中原子及分子的极化率

粒子	SiH_4	Si_2H_4	H_2	H
$\alpha_i/\text{Å}^3$	4.62	8.47	0.805	0.667

与中性粒子相似,离子的迁移率 μ_j 也是由 Blancs 定律求得的,即

$$\frac{P_{\text{tot}}}{\mu_j} = \sum_i \frac{P_i}{\mu_{ij}} \tag{2.13}$$

而离子的扩散系数可以通过 Einstein 关系给出,即

$$D_j = \frac{k_B T_{\text{ion}}}{e} \mu_j \tag{2.14}$$

式中,T_{ion} 为离子的温度,这里我们假定离子的温度与背景气体的温度相同。

通过表达式(2.12),可以看出离子的迁移率与质量的开方成反比,表明离子质量越大,迁移率越小。

2.2.2　等离子体放电模型

要完全确定带电粒子的运动状态,除了流体力学方程组外,还要与麦克斯韦方程组进行耦合。这是一个非常复杂的、多场的、多尺度的耦合问题。

为了简化问题的处理,我们做如下假设:

(1)射频驱动电源的频率不是很高,同时驱动电极的半径不是太大,这样可以略去等离子体中的射频电源产生的电磁场效应,即由泊松方程确定等离子体中瞬时电场的变化。

(2)由于电子的质量很小,可以略去其动量平衡方程中的惯性项,即采用漂移 – 扩散近似方法来描述电子的运动。

(3)对于离子,由于其质量远大于电子的质量,因此在动量平衡方程中其惯性项不能忽略;同时由于其温度远小于电子的温度,可以采用"冷流体"模型描述其运动,即在动量平衡方程中不考虑压强梯度效应。

---

① $1 \text{ Å}^3 = 10^{-30} \text{ m}^3$。

（4）由于在实际的刻蚀装置中，两个电极的间距通常为 1 in① 左右，而电极的直径要远大于电极间距，因此为了简化模型，可以重点考虑物理量在轴向的演化，而暂时认为其在径向上呈均匀分布，因此我们可以对双频 CCP 在轴向上建立一维的流体力学模型。

在流体力学模型中，可以采用电子、离子及中性粒子的平衡方程及电子的能量方程来描述粒子的宏观运动状态。而电势是通过泊松方程得到的。平衡方程要与泊松方程耦合，使得模型充分自洽。

对于电子的运动，可由连续性方程（2.3）以及动量平衡方程（2.4）来确定，从而有

$$\frac{\partial n_e}{\partial t} + \frac{\partial \Gamma_e}{\partial x} = \sum_j k_{ij} n_e N_j - \sum_j k_{aj} n_e N_j \qquad (2.15)$$

$$\Gamma_e = -\mu_e n_e E - D_e \frac{dn_e}{dx} \qquad (2.16)$$

式（2.2）等号左侧第一项代表电子在电场中的漂移项；第二项代表密度梯度引起的扩散项。式（2.15）和式（2.16）中，μ_e、D_e 分别为电子的迁移率和扩散系数；n_e、Γ_e 分别为电子的密度及通量；k_{ij} 表示由于电离而产生电子的源项；k_{aj} 表示由于复合与附着反应而引起的电子的损失项。

由于电子的质量很小，可以略去动量方程中的惯性项，因此式（2.16）是通过漂移 - 扩散近似的方法得到的。对于离子的方程，由于涉及的离子种类众多，为了方便求解，对离子的动量方程也采取漂移扩散近似方法求解，相应的离子平衡方程为

$$\frac{\partial n_i}{\partial t} + \frac{\partial \Gamma_i}{\partial x} = \sum_k k_{i,a_k} n_e N_k - \sum_l k_{rec_l} n_i N_l \qquad (2.17)$$

$$\Gamma_i = \pm \mu_i n_i E - D_i \frac{dn_i}{dx} \qquad (2.18)$$

式中　　n_i、Γ_i——离子密度及通量；

　　　　k_{i,a_k}——离子的产生项；

　　　　k_{rec_l}——离子间发生化学反应引起的损失项；

　　　　μ_i、D_i——离子的迁移率和扩散系数。

式（2.18）中，± 表示当求解正离子的通量时，取 + ；当求解负离子的通量时取 - 。

需要说明的是，式（2.18）是在假设带电粒子能瞬时响应电场条件下得到的。但由于离子的质量远大于电子的质量，不能瞬时响应电场，如果采用瞬时电场对离子进行求解会出现很大的误差。为了修正这一误差，需要引入有效电场对离子进行求解。这里有效电场考虑了由小的输运频率引起的惯性影响，其表达式是通过忽略扩散输运，并在简化的动量方程中引入 $\Gamma_i = \pm \mu_i n_i E_{eff,i}$ 得到的，简化的动量方程为

$$\frac{\partial \Gamma_i}{\partial t} = \frac{en_i}{m_i} E - v_{m,i} \Gamma_i \qquad (2.19)$$

其中 $v_{m,i} = \dfrac{e}{m_i \mu_i}$ 为离子的动量输运频率，把 $\Gamma_i = \pm \mu_i n_i E_{eff,i}$ 代入式（2.19）可得有效电场的表

---

① 1 in = 2.54 cm = 0.025 4 m。

达式,即

$$\frac{\partial E_{\text{eff,i}}}{\partial t} = v_{\text{m,i}}(E - E_{\text{eff,i}}) \tag{2.20}$$

这样修正后的离子动量方程为

$$\Gamma_{\text{i}} = \pm \mu_{\text{i}} n_{\text{i}} E_{\text{eff,i}} - D_{\text{i}} \frac{\mathrm{d} n_{\text{i}}}{\mathrm{d} x} \tag{2.21}$$

对于中性粒子,通量方程只有扩散项,这是由于中性粒子不受电场的影响,其方程式为

$$\frac{\partial n_{\text{n}}}{\partial t} - D_{\text{n}} \frac{\partial^2 \Gamma_{\text{n}}}{\partial x^2} = \sum_l k_{\text{d}_l} n_{\text{e}} N_l - \sum_k k_{\text{rec}_k} n_{\text{n}} n_k \tag{2.22}$$

式中　n_{n}、Γ_{n}——中性粒子的密度及流通量;

　　　k_{d_l}——中性粒子的产生项;

　　　k_{rec_k}——中性粒子间发生化学反应而引起的损失项。

而电势 ϕ 及瞬时电场 E 可由泊松方程得出,即

$$\nabla^2 \phi = -\frac{e}{\varepsilon_0}\left(\sum n_+ - \sum n_- - n_{\text{e}} - Z_{\text{d}} n_{\text{d}}\right) \tag{2.23}$$

$$E = -\frac{\mathrm{d}\phi}{\mathrm{d}x} \tag{2.24}$$

式中　n_+、n_-、n_{e}、n_{d}——正离子、负离子、电子和尘埃粒子数密度;

　　　Z_{d}——尘埃颗粒表面元电荷数,$Z_{\text{d}} = \dfrac{Q_{\text{d}}}{e}$。

最后,电子温度满足如下的电子能量方程,即

$$\frac{\mathrm{d}}{\mathrm{d}t}\left(\frac{3}{2} n_{\text{e}} T_{\text{e}}\right) + \frac{\mathrm{d}\Gamma_{\text{w}}}{\mathrm{d}x} = -e\Gamma_{\text{e}} E + S_{\text{w}} \tag{2.25}$$

其中,电子的能流密度 Γ_{w} 可表示为

$$\Gamma_{\text{w}} = \frac{5}{2} T_{\text{e}} \Gamma_{\text{e}} - \frac{5}{2} D_{\text{e}} n_{\text{e}} \frac{\mathrm{d} T_{\text{e}}}{\mathrm{d} x} \tag{2.26}$$

式中　T_{e}——电子温度;

　　　S_{w}——电子与中性气体间由于非弹性碰撞引起的能量损失项。

2.2.3　边界处理

图2.3给出一维双频 CCP 模拟的装置示意图,两极板间距离为2.5 cm,电极直径远大于电极间距,因此为了简化模型,我们重点考虑物理量在轴向的变化,沿着径向的分布可以认为是均匀的。

在流体模型中,为了求解差分方程,电势及密度等边界条件必须给定。根据 Miyamoto 等1999年在研究中使用的方法,设具体的边界条件为

$$\Gamma_{\text{e}} = \frac{1}{4} n_{\text{e}} u_{\text{th}}(1 - \Theta) \tag{2.27}$$

式中　u_{th}——电子平均热运动速度,$u_{\text{th}} = \sqrt{\dfrac{8 T_{\text{e}}}{\pi m_{\text{e}}}}$,在这里我们考虑了电子入射到器壁上后

会受到器壁的反弹作用,一部分电子会重新入射到等离子体中;

Θ——电子器壁上反射系数,这里取 $\Theta = 0.25$。

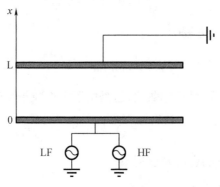

图 2.3 一维双频 CCP 模拟装置示意图

电子能流在边界处的取值为

$$q_e = \frac{5}{2} T_e \Gamma_e \qquad (2.28)$$

在这里我们忽略了二次电子的影响,负离子流通量在边界处的取值为

$$\Gamma_- = \frac{1}{4} n_- u_{th,i} \qquad (2.29)$$

式中,$u_{th,i}$——离子的平均热运动速度,$u_{th,i} = \sqrt{\dfrac{8 k_B T_i}{\pi m_i}}$。

对于正离子,我们设它的通量在边界处连续即边界处的梯度为零,则

$$\frac{\partial \Gamma_-}{\partial x} = 0 \qquad (2.30)$$

对于中性基团粒子,边界处的中性粒子流为

$$\Gamma_n = \frac{s_n}{2(2 - s_n)} n_n u_{th} \qquad (2.31)$$

式中 s_n——中性粒子的黏附系数。

$s_n = \beta_n - \gamma_n$,其中 β_n 为表面反应系数(代表中性粒子在表面的反应概率),γ_n 为复合系数(代表中性粒子与其他吸附粒子产生稳态气体的概率)。系数 s_n、β_n 及 γ_n 的值由参考文献[33]给出。

2.2.4 数值计算方法

在本章的流体模型中,对于电子的连续性方程与能量方程采用隐式迭代求解,其具体差分格式如下:

$$\frac{dn_{e,k}}{dt} = -\frac{\Gamma_{e,k+\frac{1}{2}} - \Gamma_{e,k-\frac{1}{2}}}{\Delta x} + S_{e,k} \qquad (2.32)$$

$$\Gamma_{e,k+\frac{1}{2}} = -\mu_e \left(\frac{n_{e,k+1} + n_{e,k}}{2} \right) E_{k+\frac{1}{2}} - \frac{D_e}{T_{e,k}} \left(\frac{n_{e,k+1} T_{e,k+1} - n_{e,k} T_{e,k}}{\Delta x} \right) \tag{2.33}$$

$$\frac{\mathrm{d} n_{e,k} T_{e,k}}{\mathrm{d} t} = -\frac{\Gamma_{w,k+\frac{1}{2}} - \Gamma_{w,k-\frac{1}{2}}}{\Delta x} - e \frac{1}{2} (E_{e,k-\frac{1}{2}} \Gamma_{e,k-\frac{1}{2}} + E_{e,k+\frac{1}{2}} \Gamma_{e,k+\frac{1}{2}}) - W_{e,k} \tag{2.34}$$

$$\Gamma_{w,k+\frac{1}{2}} = \frac{5}{2} \left(\frac{T_{e,k+1} + T_{e,k}}{2} \right) \Gamma_{e,k+\frac{1}{2}} - \frac{5}{2} D_e \left(\frac{n_{e,k+1} + n_{e,k}}{2} \right) \left(\frac{T_{e,k+1} - T_{e,k}}{\Delta x} \right) \tag{2.35}$$

以上求解采用隐格式，一方面是处于稳定性的考虑，另一方面则可以放宽计算时对步长的限制，提高计算效率。

离子的方程是采取通量输运修正（flux corrected transport，FCT）数值计算方法进行求解的。FCT算法利用了守恒形式解流体方程，在计算两点之间的净通量（flux）时，先由高阶和低阶格式分别算出通量，然后对其进行非线性加权平均。由于加权平均的原则是在充分保持高阶格式精度的基础上，消除或者修正其数值振荡造成的通量，故称之为通量修正法。该算法既保持了高阶算法高精度、低阶格式稳定的优点又避免了其各自的弱点。

在差分方程的求解中，时间步长 Δt 需要足够小以满足库朗条件（Courant – Friederichs – Levy condition），即 CFL < 1。另外，我们还利用超松弛方法（Successive – Over – Relaxation）加速差分方程收敛。重复这样一个迭代过程，直到最后获得稳定振荡周期。

2.3 纳米颗粒特性

2.3.1 尘埃颗粒的形成

在硅烷放电中，尘埃颗粒的形成可分为以下三个阶段：
（1）最初的气态成核阶段；
（2）凝聚阶段；
（3）表面生长阶段（图2.1）。

其中，第一阶段是负离子或中性团簇通过一系列化学反应生长起来的气态成核过程；第二阶段是通过粒子间碰撞及结合产生大颗粒粒子的过程；第三阶段是通过中性粒子及离子在其表面沉积而继续生长并伴随负电荷积累的过程。

1. 成核阶段

尘埃粒子的成核阶段是指电子与中性气体间碰撞产生离子，而离子间相互聚集成核。成核过程可分为两类，即同相成核与异相成核：（1）同相成核过程是通过大量连续的化学反应产生的，两个气体单体形成高分子和团簇；（2）异相成核是通过刻蚀或物理溅射由衬底或者器壁出来的纳米颗粒。相对于气相聚合来说，异相成核过程比较简单。在异相成核阶段，大粒子被直接引入等离子体中，并不需要考虑大量的化学反应以及聚合机制。

在硅烷等离子体中，尘埃粒子形成过程是同相成核，该过程的初始粒子是 SiH_3^- 和 SiH_2^-。这两种负离子在同相粒子形成过程中具有重要作用，其原因是负离子在等离子体空间电场的作用下主要集中在等离子体区,从而在等离子体区停留的时间很长,有助于粒子生长。SiH_3^- 和 SiH_2^- 这两种负离子与硅烷分子可以进行负离子分子链反应,从而产生了大的甲硅烷基离子和亚甲硅烷基离子。其中占主导地位的 SiH_3^- 负离子反应过程如下:

$$SiH_3^- + SiH_4 \longrightarrow Si_2H_5^- + H_2$$

$$Si_2H_5^- + SiH_4 \longrightarrow Si_3H_7^- + H_2$$

$$Si_nH_{2n+1}^- + SiH_4 \longrightarrow Si_{n+1}H_{2n+3}^- + H_2 \qquad (2.36)$$

而 SiH_2^- 有相似的反应过程:

$$SiH_2^- + SiH_4 \longrightarrow Si_2H_4^- + H_2$$

$$Si_2H_4^- + SiH_4 \longrightarrow Si_3H_6^- + H_2$$

$$Si_nH_{2n}^- + SiH_4 \longrightarrow Si_{n+1}H_{2n+2}^- + H_2 \qquad (2.37)$$

这里需要说明的是,我们还考虑了激发态硅烷气体 $SiH_4^{(2\sim4)}$、$SiH_4^{(1\sim3)}$ 与负离子之间的链反应。由于计算过程中涉及的粒子种类特别多,本模型做了特殊处理。就是在甲硅烷基和亚甲硅烷基中硅原子数为 12 时做了截断,之后的负离子不再考虑。因此,没有 $Si_nH_m^-$($n>13$)的产生,这使得在计算 $Si_{12}H_{25}$ 和 $Si_{12}H_{24}$ 时损失项减少。

2. 凝聚阶段

凝聚阶段是指通过两个小粒子间的碰撞从而形成一个大粒子的过程。为了探索凝聚过程尘埃颗粒的行为,人们做了大量的实验并发现了一些独特的物理特性(参考文献[63]、[64]):

(1)只有当初始粒子的密度达到 $10^{10} \sim 10^{11}$ cm^{-3} 时才能发生凝聚现象;

(2)凝聚过程后电子温度将迅速上升,几乎从凝聚前的 2 eV 迅速上升至凝聚后的 8 eV。

当团簇粒子密度超过一定值($10^{10} \sim 10^{11}$ cm^{-3})时,即可触发一个不可控的凝聚过程。一般情况下,凝结过程比随后的颗粒生长过程快得多,大概只有 5 秒钟,但是粒子直径从几纳米快速增加到 $50 \sim 60$ nm,颗粒数密度比团簇低了几个量级。在凝结过程中总的粒子质量是守恒的,因而颗粒的平均半径增大但密度降低,即有 $n_d r_d^3$ 约为常数。描述这个过程最简单的动力学方法是自由分子布朗运动模型,其中包括热运动引起的中性颗粒之间的相互碰撞。当粒子直径达到 $50 \sim 60$ nm 时,进一步的凝聚过程被带负电的大颗粒间的库仑斥力阻止。

虽然人们对颗粒带电及在一定的颗粒大小和密度情况下的等离子体特性已经比较了解,但对凝聚过程却不甚了解,原因在于实验上很难观测到纳米粒子团簇。小团簇粒子可以采用质谱方法探测,大团簇(直径几十 nm)可以采用光散射技术,但几 nm 的尘埃颗粒却很难观测到。而且,凝聚过程速度快,测量困难加大。所以本书采用数值模拟方法分析尘埃粒子的凝聚过程。

3. 表面生长阶段

当尘埃粒子经过快速生长阶段后,颗粒会继续生长,但增长的速度缓慢。在最后的生长阶段,颗粒体积增大,速度正比于撞击到颗粒表面的中性碎片的总通量,即

$$\frac{\mathrm{d}}{\mathrm{d}t}\left(n_{\mathrm{sol}}\cdot\frac{4}{3}\pi r_{\mathrm{d}}^3\right)=\Gamma_{\mathrm{g}}^{*}s_{\mathrm{g}}^{*}\cdot 4\pi r_{\mathrm{d}}^2 \tag{2.38}$$

式中　n_{sol}——尘埃颗粒的固体密度;

$\quad\quad\Gamma_{\mathrm{g}}^{*}$——中性碎片的通量,$\Gamma_{\mathrm{g}}^{*}=\dfrac{1}{4}n_{\mathrm{g}}^{*}v_{\mathrm{g}}^{*}$;

$\quad\quad r_{\mathrm{d}}$——尘埃颗粒半径;

$\quad\quad s_{\mathrm{g}}^{*}$——中性碎片的黏滞系数。

在表面生长阶段,我们发现颗粒的生长速率与薄膜沉积生长速率很接近。另外,当尘埃颗粒直径达到微米量级时,颗粒将在重力的作用下离开放电区,且生长停止。这部分研究本书未涉及。

2.3.2　尘埃颗粒模型

1.流体力学模型

对于尘埃粒子,我们采取的也是流体力学模拟,其连续性方程如下:

$$\frac{\partial n_{\mathrm{d}}}{\partial t}+\frac{\partial \Gamma_{\mathrm{d}}}{\partial x}=\sum_{k}k_{\mathrm{for}_k}n_{\mathrm{i}}N_k-\sum_{l}k_{\mathrm{rec}_l}n_{\mathrm{d}}N_l \tag{2.39}$$

式中　n_{d}、Γ_{d}——尘埃粒子的密度及流通量;

$\quad\quad k_{\mathrm{for}_k}$——尘埃粒子的产生率(为了给出 1 nm 尘埃颗粒特性,我们把 $\mathrm{Si_{12}H_{25}^{-}}$ 和 $\mathrm{Si_{12}H_{24}^{-}}$ 作为纳米颗粒形成的初始粒子,而 $\mathrm{Si_{12}H_{25}^{-}}+\mathrm{SiH_4}\longrightarrow\mathrm{Si_{13}H_{27}^{-}}+\mathrm{H_2}$,$k_{\mathrm{rec}}=10^{-18}\ \mathrm{m^3/s}$,这个反应的系数作为纳米颗粒的产生率 k_{for_k});

$\quad\quad k_{\mathrm{rec}_l}$——尘埃颗粒与其他粒子碰撞而引起的损失率。

尘埃颗粒的通量方程比较复杂,这是由于尘埃粒子除了受电场力外,还受其他力的影响。例如,离子拖拽力、中性粒子拖拽力、重力及热泳力,如图2.4所示。

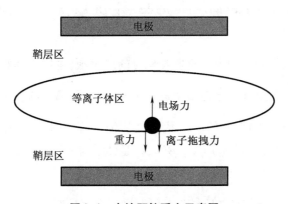

图2.4　尘埃颗粒受力示意图

当假定中性粒子拖拽力与电场力、离子拖拽力、重力及热泳力的和达到平衡,即可求得尘埃颗粒的动量方程:

$$\Gamma_d = -\mu_d n_d E_{eff} - D_d \frac{dn_d}{dx} - \frac{n_d}{v_{md}} g + \sum \frac{n_d m_i \upsilon_s}{m_d v_{md}} (4\pi b_{\frac{\pi}{2}}^2 \Gamma_c + \pi b_c^2) \Gamma_i - \frac{32}{15} \frac{n_d b_d^2}{m_d v_{md} \upsilon_{th}} k_T \frac{dT_{gas}}{dx}$$

(2.40)

其中,Γ_c 是在区 b_c 间至线性德拜长度 λ_L 之间的库仑对数积分,为

$$\Gamma_c = \frac{1}{2} \ln \left(\frac{\lambda_L^2 + b_c^2}{b_{\frac{\pi}{2}}^2 + b_c^2} \right)$$

(2.41)

动量损失频率 v_{md} 可通过下式求得,即

$$v_{md} = \sqrt{2} \frac{P_{tot}}{k_B T_{gas}} \pi r_d^2 \sqrt{\frac{8 k_B T_{gas}}{\pi m_d}}$$

(2.42)

颗粒的迁移率 μ_d 及扩散系数 D_d 的表达式分别为

$$\mu_d = \frac{Q_d}{m_d v_{md}}$$

(2.43)

$$D_d = \mu_d \frac{k_B T_{gas}}{Q_d}$$

(2.44)

本研究中由于假定背景气体的温度是恒值,因此 $dT_{gas}/dx = 0$。经过一系列化简后,可以得到式(2.40)的简化式为

$$\Gamma_d = -\mu_d n_d E_{eff} - D_d \frac{dn_d}{dx} - \frac{n_d}{v_{md}} g + \sum \frac{n_d m_i \upsilon_s}{m_d v_{md}} (4\pi b_{\frac{\pi}{2}}^2 \Gamma_c + \pi b_c^2) \Gamma_i$$

(2.45)

2. 气态动力学模型

在凝聚阶段中,气态动力学模型可以很好地揭示纳米颗粒的输运行为和生长过程。本研究所采用的方法的基本思想是通过有限的分段近似描述连续的颗粒尺寸分布。需要强调的是,我们假设每部分的尺寸分布都是恒定的,尺寸分布是个随时间变化逐渐趋于稳态的函数。这种分段模型的准确性及运算速度取决于所使用的分段数及守恒积分数值特性。

设 $n(v)$ 为体积在 v 及 $v + dv$ 范围内的纳米颗粒数密度:

$$\frac{\partial n(v)}{\partial t} = \frac{1}{2} \int_0^v \beta(u, v-u) n(u) n(v-u) du - \int_0^\infty \beta(u, v) n(u) n(v) du + J_0 \delta(v - v_0)$$

(2.46)

其中,等号右面第一项代表体积为 v 的尘埃颗粒的产生项,主要由体积分别为 u 和 $v - u$ 的两个颗粒的碰撞产生,这里系数 $\frac{1}{2}$ 是由于进行了重复计算;第二项代表尘埃颗粒的损失项,是由此粒子与其他粒子碰撞引起的。J_0 代表体积为 v_0 的纳米颗粒成核速率,当 $v = v_0$ 时,$\delta(v - v_0) = 1$,当 $v \neq v_0$ 时,$\delta(v - v_0) = 0$。$\beta(u, v)$ 是体积为 v 和 u 两个粒子间聚合频率,可以用下式求解:

$$\beta(u, v) = (3/4\pi)^{\frac{1}{6}} (6 k_B T_{gas} / \rho_d)^{\frac{1}{2}} (1/v + 1/u)^{\frac{1}{2}} (v^{\frac{1}{3}} + u^{\frac{1}{3}})^2$$

(2.47)

式中 ρ_d——硅烷气体聚集产生的尘埃颗粒质量密度,取值为 2.3 g/cm^3;

      T_{gas}——中性气体温度;

      k_B——玻尔兹曼常数。

每个分段部分的平均粒子半径为

$$< r_i > = 3\left(\frac{3}{4\pi}\right)^{\frac{1}{3}}\left[\frac{v_{i,u}^{\frac{1}{3}} - v_{i,l}^{\frac{1}{3}}}{\ln(v_{i,u}/v_{i,l})}\right] \tag{2.48}$$

式中,$v_{i,u}$、$v_{i,l}$为每个分段部分体积上限和下限。

在此分段模型中,按体积的对数形式划为 38 部分,最大部分的体积为 6.84×10^4 nm³,相对应的尘埃颗粒直径约为 50 nm。为了能够把凝聚过程和成核过程直接联系在一起,我们把凝聚过程的最小部分体积设为 0.26 nm³,相对应的是成核过程最大粒子 $Si_{12}H_{25}$ 和 $Si_{12}H_{24}$,直径约为 0.79 nm。

3. 流体力学模型与气态动力学模型的耦合过程

由于尘埃颗粒质量远大于等离子体中的电子、离子和中性粒子的质量,等离子体模型和尘埃粒子模型的弛豫时间相差很大,所以需要采用多时标方法研究硅烷放电中尘埃颗粒的生长过程。多时标即等离子体模块的时间步长为 $\Delta t \approx 1.67 \times 10^{-6}$ s,而凝聚过程时间步长是成核过程的 10^5 倍($\Delta t \approx 1.67 \times 10^{-6}$ s),两个模块将互相耦合反复迭代直到收敛为止。迭代过程如下:首先计算一段时间电子、离子的输运方程及泊松方程,此时假定尘埃粒子是不动的;之后运用上一时刻的平均电子密度分布、离子流及有效电场空间分布开始运行尘埃颗粒方程,此时所取的时间步长很大,为 10^5 倍等离子体模块的时间步长。为了避免计算过程中的不稳定性,我们需要把计算出的尘埃粒子密度及表面电荷的空间分布耦合到泊松方程中。这样几个过程间相互耦合直到整个模型达到稳定,计算流程如图 2.5 所示。

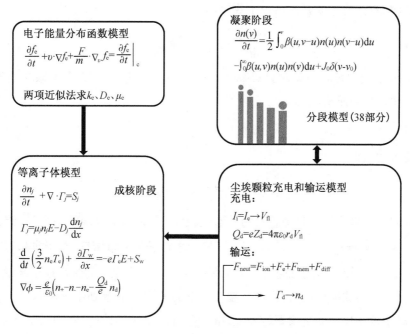

图 2.5　计算流程图

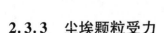
2.3.3　尘埃颗粒受力

1. 电场力

对于一个孤立的尘埃颗粒,作用在尘埃粒子上的电场是由系统中所有电荷产生的。作用在颗粒上的电场力为

$$F_e = Q_d E \tag{2.49}$$

这里尘埃颗粒的带电量 Q_d 由电荷积累方程可以求得。

等离子体区,电场强度 E 较小,而鞘层区由于电子与离子的迁移率不同,电场强度很大。电场力是很重要的力,一方面,对于带负电的尘埃颗粒来说,电场力可以起到约束的作用;另一方面,对于小尺寸纳米颗粒来说,电场力是最显著的力。这是由于当粒子尺寸很小时,重力可以忽略;而离子拖拽力是与颗粒尺寸的平方成正比的,因此离子拖拽力也较小。

由于尘埃颗粒质量远大于电子质量,尘埃颗粒达到平衡状态需要的时间也远大于电子,其对电场的响应并不像电子一样可以认为是在瞬时完成的。如果采用瞬时电场对尘埃颗粒进行求解将会出现很大的误差,为此,需要引入尘埃有效电场 $E_{\mathrm{eff,d}}$ 对尘埃颗粒进行求解。有效电场是指颗粒实际感受到的电场,它根据颗粒质量与迁移率对瞬时电场进行修正,使其更接近于颗粒实际感受到的电场强度,提高模型的精确性。修正后的电场力可表示为

$$F_e = Q_d E_{\mathrm{eff,d}} \tag{2.50}$$

其中,尘埃颗粒的有效电场 $E_{\mathrm{eff,d}}$ 可由下式给出:

$$\frac{\mathrm{d}E_{\mathrm{eff,d}}}{\mathrm{d}t} = v_{\mathrm{md}}(E - E_{\mathrm{eff,d}}) \tag{2.51}$$

式中　v_{md}——尘埃颗粒的动量输运频率,$v_{\mathrm{md}} = Q_d/m_d\mu_d$(其中 μ_d 为尘埃颗粒的迁移率,m_d 为尘埃颗粒的质量)。

2. 重力

重力的表达式为

$$F_g = m_d g = \frac{4}{3}\pi r_d^3 \rho_d g \tag{2.52}$$

这里我们假设尘埃粒子是理想化的球形颗粒,r_d 为球形尘埃颗粒的半径,因此,此尘埃颗粒的体积为 $V_d = 4\pi r_d^3/3$。式(2.47)中,ρ_d 是尘埃粒子的质量密度,对于非晶硅来说,质量密度近似为 2.3 g/cm³。重力加速度 g 为 9.8 m/s²。对于大尺寸的尘埃粒子来说,重力起着至关重要的作用,当放电熄灭后,尘埃颗粒会在重力的作用下落到半导体基片上,损害电子元件;相反对于较小尺寸的尘埃颗粒来说,重力是可以忽略不计的,例如微纳米量级的尘埃颗粒。目前,我们研究的绝大部分都是纳米尺寸的尘埃颗粒,这是由于纳米颗粒可以用于开发一些新型电子器件;另一方面随着微电子工艺的快速发展,芯片越来越精细,纳米颗粒已经成为非常突出的污染源。

3. 离子拖曳力

离子拖曳力是尘埃颗粒在等离子体鞘层中所受到的极为重要也极为复杂的一个力。离子拖曳力来自定向离子流与尘埃颗粒之间碰撞产生的动量交换。离子拖曳力分为两部分:第一部分是由于粒子被收集而产生的力,通常被称为收集力(collection force),用 $F_{i,coll}$ 表示:

$$F_{i,coll} = n_i u_s m_i u_i \pi b_c^2 \tag{2.53}$$

另一种是由于离子流与带电尘埃颗粒在库仑相互作用时而交换动量所产生的力,这部分力来自那些被尘埃粒子周围的电场散射的离子,故常被称为散射力(scattering force 或 orbital force),用 $F_{i,scatt}$ 表示:

$$F_{i,scatt} = n_i u_s m_i u_i 4\pi b_{\frac{\pi}{2}}^2 \Gamma_c \tag{2.54}$$

式(2.53)和式(2.54)中,u_s 代表离子的平均速度;n_i、m_i、u_i 分别为离子的密度、质量及流速;Φ 为电势;b_c 为碰撞参数,可通过探针的轨道限制理论(OML)求得,即

$$b_c = r_d \left(1 - 2\frac{e\Phi_p}{m_i u_s^2}\right)^{\frac{1}{2}} \tag{2.55}$$

而 $b_{\frac{\pi}{2}}$ 是渐近线倾角为 $\frac{\pi}{2}$ 时的碰撞参数:

$$b_{\frac{\pi}{2}} = \frac{eQ_d}{4\pi\varepsilon_0 m_i u_s^2} \tag{2.56}$$

通过以上分析,将得到的收集力与散射力求和即为离子拖曳力。

4. 中性粒子拖曳力

中性粒子拖曳力是由中性气体分子与尘埃粒子碰撞产生的。它与放电气体的温度、密度(气压)及尘埃颗粒与中性气体之间的相对运动速度成正比。当忽略气体流动时,可以认为尘埃颗粒的运动速度就是其相对速度。通过气态动力学理论,我们可以得到中性粒子的拖曳力方程为

$$F_n = -\frac{4}{3}\pi r_d^2 n_n m_n v_{th,n}(v_d - v_n) \tag{2.57}$$

式中 $v_{th,n}$ ——中性气体分子的热速度,$v_{th,n} = \sqrt{\frac{8k_B T_{gas}}{\pi m_n}}$;

n_n ——中性气体的密度,可以通过理想气体状态方程求得;

m_n、v_n ——中性气体的质量和速度;

v_d ——尘埃颗粒的迁移速度。

本书没有考虑气体对流速度,即 $v_n = 0$。

5. 热泳力

如果气体存在温度梯度,那么会产生热泳力,这是由于气体分子的动量转移在较热的一边比较冷的一边大。热泳力的表达式为

$$F_{th} = -\frac{32r_d^2}{15v_{th,n}}\Big[1 + \frac{5\pi}{32}(1-\alpha_T)\Big]k_T \nabla T_{gas} \tag{2.58}$$

式中　∇T_{gas}——中性气体的温度梯度；

　　　k_T——热导率，主要为热导率的平动部分；

　　　α_T——气体到尘埃颗粒表面的热适应系数。

热适应系数 α_T 与入射分子/表面原子质量比、气体种类及尘埃颗粒表面的温度有关。热泳力则通常比驱散尘埃颗粒的离子拖拽力小。

2.3.4　尘埃颗粒充电过程

尘埃粒子的充电过程是尘埃等离子体研究的一个重要方面。相对于电子、离子来说，尘埃颗粒所带电荷更为复杂，其表面电荷大小主要受颗粒尺寸及外部环境影响，从而也受等离子体外部参数影响。

浸没在等离子体中的尘埃颗粒会因为收集周围的电子和离子而带电，同时也可能会因为宇宙射线或等离子体中高能粒子的撞击而发射光电子以及二次电子带电。尘埃粒子充电的基本方程为

$$\frac{dQ_d}{dt} = \sum_k I_k \tag{2.59}$$

式中，I_k 为尘埃颗粒表面的电流，包括电子流、离子流、光电子流以及二次电子流等。但是在一般的实验室尘埃等离子体中，决定尘埃带电量的主要是等离子体中的电子流和离子流。由于电子速度远大于离子速度，有更多的电子被采集，因此尘埃粒子一般带负电，表面电位 V_{fl} 的大小是电子温度的数倍。该表面电位的作用是排斥易动的电子、吸引较重的正离子。关于尘埃粒子表面的电子流及离子流，可以通过轨道运动限制理论（orbital motion limited，OML）来确定，下面我们详细地阐述轨道运动限制理论。

1. 轨道运动限制理论

假定一个孤立的球形尘埃粒子，其半径为 r_d。当满足 $r_d \leqslant \lambda < d$，就可以通过轨道运动限制理论推出尘埃颗粒表面的电子流和离子流，d 表示中性气体与电子或者离子的平均碰撞自由程。

其中线性德拜长度 λ_L 可以表示为

$$\lambda_L = \frac{\lambda_e \lambda_i}{\sqrt{\lambda_e^2 + \lambda_i^2}} \tag{2.60}$$

这里 λ_e、λ_i 分别表示电子与离子的德拜半径，且

$$\lambda_e = \Big(\frac{\varepsilon_0 k_B T_e}{n_e e^2}\Big)^{\frac{1}{2}}, \quad \lambda_i = \Big(\frac{\varepsilon_0 k_B T_i}{n_i e^2}\Big)^{\frac{1}{2}} \tag{2.61}$$

式中　ε_0——真空介电常数；

　　　k_B——玻尔兹曼常数。

在轨道运动限制理论中，我们假设离子与电子从无穷远处不断接近尘埃颗粒。图2.5给出了电子及离子与尘埃粒子碰撞示意图。

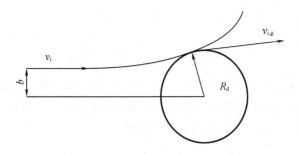

图 2.5　电子及离子同尘埃粒子碰撞示意图

当电子或离子与尘埃颗粒之间的距离小于德拜半径时,就会受到尘埃颗粒库仑势的作用。首先,我们先考虑离子的方程,当正离子进入德拜粒子鞘时,它的运动轨迹将受到尘埃粒子静电场的影响。当 $b < b_c$ 时,离子将被尘埃粒子收集;相反,当 $b > b_c$ 时,离子在尘埃粒子的作用下被散射。b_c 为离子被尘埃粒子收集的临界参数,如图 2.6 所示。

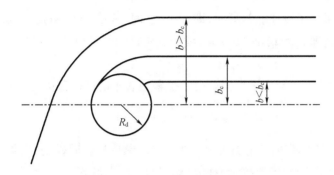

图 2.6　尘埃颗粒附近的正离子不同运动轨迹

设离子与尘埃颗粒碰撞前的速度和碰撞后的速度分别为 v_i、$v_{i,g}$。根据能量守恒定律可得

$$\frac{1}{2}mv_i = \frac{1}{2}mv_{i,g} + eV_{fl} \tag{2.62}$$

式中,悬浮电位 $V_{fl} = \dfrac{Q_d}{4\pi\varepsilon_0 r_d}$,再通过角动量守恒定律可得

$$mv_i b_c = m_i v_i \tag{2.63}$$

得到离子被颗粒收集的碰撞截面为

$$\sigma_c = \pi b_c^2 = \pi r_d^2\left(1 - \frac{2eV_{fl}}{m_i v_i^2}\right) \tag{2.64}$$

进而得到尘埃颗粒表面收集到的离子电流 I_i 为

$$I_i = 4\pi^2 r_d^2 e \int_0^\infty v_i^3\left(1 - \frac{2eV_{fl}}{m_i v_i^2}\right)f_i(v_i)\,\mathrm{d}v_i \tag{2.65}$$

这里我们假设离子分布函数遵从麦克斯韦分布,可得离子的分布函数 $f_i(v_i)$ 为

$$f_i(v_i) = n_i\left(\frac{m_i}{2\pi k_B T_i}\right)^{\frac{3}{2}}\exp\left(-\frac{m_i v_i^2}{2k_B T_i}\right) \tag{2.66}$$

整理后离子电流方程为

$$I_i = \pi r_d^2 e n_i \sqrt{\frac{8k_B T_i}{\pi m_i}} \left(1 - \frac{eV_{fl}}{k_B T_i} \right) \tag{2.67}$$

需要说明的是,在实际的尘埃等离子体实验中,带电尘埃颗粒总是悬浮在等离子体鞘层边界区域(或预鞘层区域),在那个区域存在很强的电场以及离子流。因此,需要将鞘层离子流效应考虑进来,故对式(2.67)进行如下修改:

$$I_i = \pi r_d^2 n_i e u_s \left(1 - \frac{2eV_{fl}}{m_i u_s^2} \right) \tag{2.68}$$

式中,u_s 为到达尘埃粒子表面的平均离子流速,其表达式为

$$u_s = \left(\frac{8k_B T_i}{\pi m_i} + u_i^2 \right)^{\frac{1}{2}} \tag{2.69}$$

它是由离子的热速度 $u_{th,i} = \dfrac{8k_B T_i}{\pi m}^{\frac{1}{2}}$ 和离子流速度 u_i 构成的。

可以发现,如果离子流速非常低时,即 $u_i \ll u_{th,i}$ 时,式(2.67)和式(2.68)是等价的。当离子流速非常大时,即 $u_i \gg u_{th,i}$ 时,$u_s \approx n_i$,我们其实得到的是离子束对尘埃粒子的充电电流表达式。

电子电流的计算方法与离子类似。电子被颗粒收集的碰撞截面为

$$\pi b_c^2 = \pi r_d^2 \left(1 + \frac{2eV_{fl}}{m_e v_e^2} \right) \tag{2.70}$$

这是由于尘埃粒子带负电,排斥电子,所以这里取 + 号。同样地,我们也假设电子分布函数为麦克斯韦分布,因此尘埃粒子表面收集到的电子电流为

$$I_e = 4\pi^2 r_d^2 e \int_{v_{min}}^{\infty} v_e^3 \left(1 + \frac{2eV_{fl}}{m_e v_e^2} \right) f_e(v_e) dv_e \tag{2.71}$$

其中,电子分布函数 $f_e(v_e)$ 为

$$f_e(v_e) = n_e \left(\frac{m_e}{2\pi k_B T_e} \right)^{\frac{3}{2}} \exp\left(-\frac{m_e v_e^2}{2k_B T_e} \right) \tag{2.72}$$

这里的 v_{min} 不为0,是由于电子需要具有一定的能量克服来自尘埃粒子的电场作用,才能到达颗粒表面。当 $\dfrac{m_e v_e^2}{2} > \dfrac{m_e v_{min}^2}{2} = -eV_{fl}$ 时,电子才能被颗粒收集,所以 v_{min} 为

$$v_{min} = \left(-\frac{2eV_{fl}}{m_e} \right)^{\frac{1}{2}} \tag{2.73}$$

因此,通过积分可以得到尘埃粒子表面的电子电流表达式,即

$$I_e = \pi r_d^2 e n_e \sqrt{\frac{8k_B T_e}{\pi m_e}} \exp\left(\frac{eV_{fl}}{k_B T_e} \right) \tag{2.74}$$

这样通过电荷积累方程(2.75),就可以得到尘埃颗粒带电量,这里我们只考虑了电子流和离子流。

$$\frac{dQ_d}{dt} = I_e + I_i \tag{2.75}$$

2. 电容模型

假设一个孤立的球形尘埃粒子,当 $r_d \ll \lambda_L$ 时,其平衡电量 Q_d 可以表示为

$$Q_d = eZ_d = C_d V_{fl} \tag{2.76}$$

式中　Z_d——尘埃颗粒表面所带的元电荷数;

　　　C_d——真空中尘埃颗粒的电容,$C_d = 4\pi\varepsilon_0 r_d$;

　　　V_{fl}——尘埃颗粒表面的悬浮电位。

将电容值代入式(2.76),可得

$$Q_d = 4\pi\varepsilon_0 r_d V_{fl} \tag{2.77}$$

从式(2.77)中可以看出尘埃颗粒带电量与半径成正比。由于尘埃颗粒一般是带负电的,表面电位 V_{fl} 的作用是排斥易动的电子,而吸引正离子,最终使得尘埃颗粒表面的正离子流与电子流相等。

2.4　模拟结果与讨论

此部分给出了尘埃颗粒成核过程的模拟结果,主要讨论了双频源电压及频率对尘埃颗粒密度及表面电荷的影响。参数选取如下:高、低频电源的频率及电压分别为 $f_h = 60$ MHz,$f_l = 3$ MHz,$V_h = 25$ V,$V_l = 50$ V(h、l 分别代表高频和低频),中性气体温度 $T_{gas} = 400$ K,气压 $P = 40$ Pa(300 mTorr),极板间距为 $L = 2.5$ cm。模拟中双频源电压、频率和放电气压均为可调参量。时间步长为 $\Delta t = \frac{1}{1\ 000} T_h$,$T_h$ 为高频周期。为了加速运算,我们对中性粒子间的反应采取了较大的时间步长,$\Delta t' = \frac{1}{10} T_h$。计算了 24 000 个高频周期,大约0.4 ms,尘埃颗粒虽然不能完全稳定,但是已经很接近稳态了。以下讨论中尘埃颗粒直径均为 1 nm。

图 2.7 给出了等离子体宏观量在一个低频周期内的时空变化情况。由图 2.7(a)可以看出,尘埃粒子的密度主要集中在等离子体区,鞘层区几乎没有尘埃颗粒。这是由于对于 1 nm 的尘埃颗粒所受电场力远远大于离子拖曳力,使得尘埃颗粒在电场力束缚下主要集中在等离子体区。由图 2.7(b)可以看出,等离子体区的电势基本不变,而在靠近边界附近的鞘层区迅速下降。因而,在等离子体的电场几乎为零,而鞘层区电场强度显著变大,如图 2.7(d)所示。在图 2.7(c)中,我们注意到等离子体区电子温度空间分布平坦,鞘层区变化显著,这是由于电子温度与电场强弱密切相关。

图 2.8 给出了通过计算得到的时间平均电子及正离子密度的空间分布。可以看到,在此种放电条件下,SiH_3^+ 的密度最大,其等离子体中心处的密度达到了 5×10^{10} cm⁻³。$Si_2H_4^+$ 的密度较小,大约是 SiH_3^+ 的 $\frac{1}{5}$,其最大值为 1×10^{10} cm⁻³。这里 H_2^+ 的密度是最小的,约为 5×10^8 cm⁻³,几乎比 SiH_3^+ 小两个量级。这是由于:一方面仅当氢气与电子碰撞能量大于 15.4 eV 时,才会有 H_2^+ 的产生;另一方面硅烷分解产生的氢气远小于基态的硅烷气体。等离子体中心处的电子密度 n_e 约为 5×10^9 cm⁻³,比 SiH_3^+ 小了一个量级,这是由于在硅烷放电中会有大量负团簇粒子产生,因此电子密度较小,以维持等离子体的电中性。

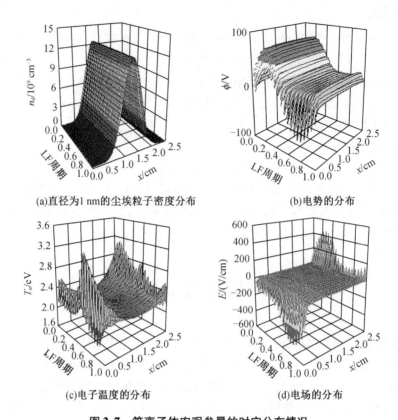

图 2.7　等离子体宏观参量的时空分布情况

注:图中 $P = 300$ mTorr, $f_h = 60$ MHz, $f_l = 3$ MHz, $V_h = 25$ V, $V_l = 50$ V。

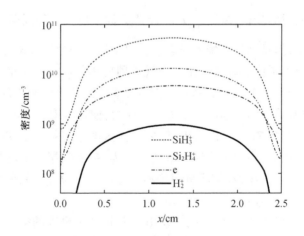

图 2.8　电子密度 n_e 和正离子密度 n_i 的空间分布

注:图中 $P = 300$ mTorr, $f_h = 60$ MHz, $f_l = 3$ MHz, $V_h = 25$ V, $V_l = 50$ V。

　　图 2.9 给出了甲硅烷基 $Si_nH_{2n+1}^-$ 与亚甲硅烷基 $Si_nH_{2n}^-$ 密度的空间分布。可以看到,随着硅原子数($n \leqslant 11$)的增加,甲硅烷基和亚甲硅烷基的密度下降,这是由于负离子与背景气体间的链反应引起的。与此同时,我们发现负离子密度主要集中在等离子体区,这与负离子的所带电荷及其所受的电场力是密切相关的。我们的模拟结果与他人的模拟结果及实验

测量(参考文献[29])结果符合得很好。

从图2.9中我们还应注意到,甲硅烷基的密度比亚甲硅烷基的密度大得多,由此可见,作为尘埃颗粒生成的初始粒子甲硅烷基Si_nH_{2n+1}在尘埃颗粒形成过程中起重要作用。我们还发现,$Si_{12}H_{25}^-$和$Si_{12}H_{24}^-$的密度比其相对应的甲硅烷基与亚甲硅烷基密度都高得多,这是由于在计算过程中,我们将硅原子数最大值设为12,因此$Si_{12}H_{25}^-$和$Si_{12}H_{24}^-$的损失项较少,从而导致$Si_{12}H_{25}^-$和$Si_{12}H_{24}^-$的密度远大于$Si_{11}H_{23}^-$和$Si_{11}H_{22}^-$的。

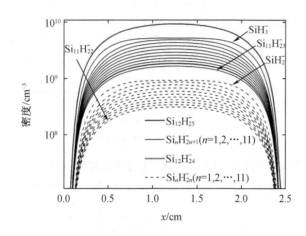

图2.9 甲硅烷基与亚甲硅烷基密度的空间分布

注:图中$P=300$ mTorr,$f_h=60$ MHz,$f_1=3$ MHz,$V_h=25$ V,$V_1=50$ V。

图2.10给出了不同高频电压下尘埃颗粒密度及表面电荷的空间分布。由图2.10(a)可以看出,尘埃颗粒密度随高频源电压的增大而迅速增大。这是由于等离子体主要由电子和中性气体碰撞电离而产生,而电子质量较小,振荡频率较高,因此电子几乎不受低频源的影响,只与高频源有关。当增大高频源电压时,放电功率增大,等离子体密度升高,尘埃颗粒形成的初始粒子密度升高,尘埃颗粒密度增大。根据式(2.60),我们可以发现尘埃颗粒的带电量Q_d主要依赖于电子和正离子的密度、温度。在鞘层区,电子密度迅速下降,Q_d降低。在预鞘处,电子在电场的作用下加速,使得它们具有足够的能量来克服库仑斥力的作用,Q_d达到最大。在等离子体区,由于电子获得能量较小,很难克服库仑斥力的作用,使得等离子体区的表面电荷较小。因此,当高频电压增大时,等离子体密度和电子温度升高,尘埃颗粒表面电荷增大,特别是预鞘处的电荷。

图2.11给出了低频源电压对尘埃颗粒密度及表面电荷的影响。从图中可以看到,低频电压对尘埃颗粒密度及表面电荷影响很小。通过对比图2.10(b)与2.11(b)可以发现,图2.11(b)中的尘埃颗粒密度变化比图2.10(b)中的密度小得多。需要注意的是,尘埃颗粒的密度随着低频源电压的增大而减小。这是由于当增大低频源电压时,鞘层变厚,尘埃颗粒表面电荷的两个峰值逐渐向等离子体中心处偏移,放电功率减小,等离子体密度降低。

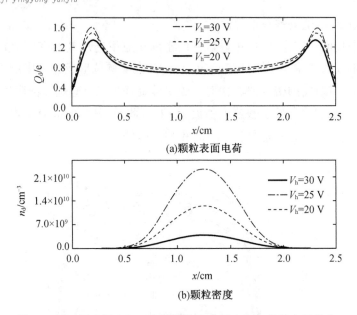

(a)颗粒表面电荷

(b)颗粒密度

图2.10　不同高频电压下尘埃颗粒密度及表面电荷的空间分布

注:图中 $V_1 = 50$ V,$P = 300$ mTorr,$f_h = 60$ MHz,$f_1 = 3$ MHz。

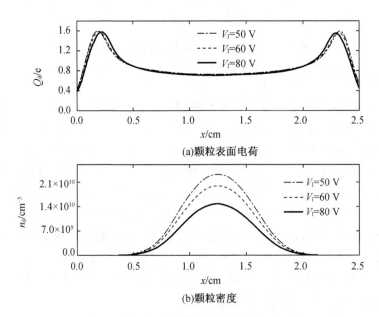

(a)颗粒表面电荷

(b)颗粒密度

图2.11　不同低频电压下尘埃颗粒的空间分布

注:图中 $V_1 = 30$ V,$P = 300$ mTorr,$f_h = 60$ MHz,$f_1 = 3$ MHz。

　　图2.12和图2.13分别给出了高、低频源频率对尘埃颗粒密度及表面电荷的影响。通过对比发现,改变高频源频率对尘埃颗粒密度及电荷有较大影响,而低频源频率对其影响很小(几乎不变)。随着高频源频率的升高,等离子体中心处尘埃粒子密度及电荷都显著增大。这是因为等离子体密度主要由高频源控制,且密度与频率的关系满足 $n \propto \omega^2$。而根据轨道运动理论,尘埃颗粒表面电荷与电子、正离子密度及电子温度有关。当高频频率升高时,电子密度迅速上升,尘埃颗粒表面电荷增大。此外,从图2.12(a)中,我们还发现随着高频频率的升高,

尘埃电荷的两个峰值位置往两极板处移动,这说明鞘层厚度随高频频率的升高而减小。

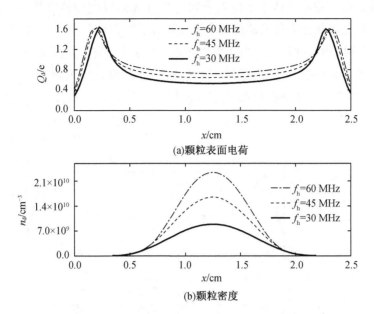

(a)颗粒表面电荷

(b)颗粒密度

图 2.12　不同高频源频率下尘埃颗粒的空间分布

注:图中 $V_1 = 50$ V,$P = 300$ mTorr,$V_h = 30$ V,$f_1 = 3$ MHz。

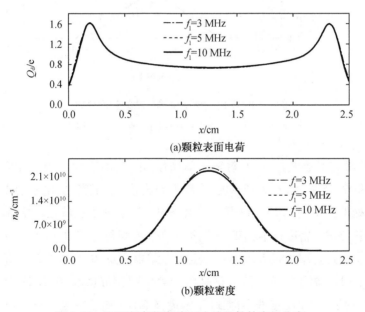

(a)颗粒表面电荷

(b)颗粒密度

图 2.13　不同低频源频率下尘埃颗粒的空间分布

注:图中 $V_1 = 50$ V,$P = 300$ mTorr,$V_h = 30$ V,$f_h = 60$ MHz。

　　需要注意的是,当低频频率较低时,改变低频频率对等离子体密度影响很小,而当低频频率较高并接近高频频率时,高、低频电源发生耦合,等离子体密度将随低频频率的升高而升高。

　　图2.14给出了不同气压下尘埃颗粒密度及表面电荷的空间分布,可以看到随着放电气

压的增大,尘埃颗粒密度明显增大,而表面电荷却随之降低,特别是鞘层区的表面电荷降低幅度更大。这是由于等离子体主要由电子和背景气体间发生弹性碰撞和非弹性碰撞而产生的。根据理想气体状态方程及碰撞频率公式可知,当气压升高时,中性气体密度增大,碰撞频率升高,更多的中性气体将与电子发生碰撞,从而产生更多基团负离子,这些负离子是尘埃颗粒形成的初始粒子。由此,随着气压的升高,尘埃颗粒密度增大。与此同时,随着气压的升高,电子与背景气体间的碰撞增强,能量损失增多,电子温度下降,尘埃颗粒表面电荷下降。

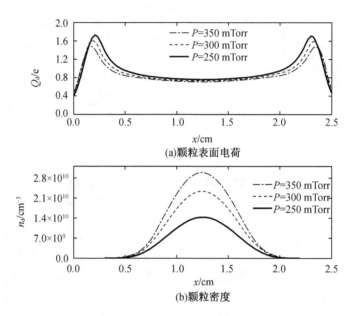

(a)颗粒表面电荷

(b)颗粒密度

图 2.14　不同气压下尘埃颗粒的空间分布

注:图中 $V_1 = 50$ V,$P = 300$ mTorr,$V_h = 30$ V,$f_h = 60$ MHz。

最后,我们研究了放电过程中,等离子体密度、电子温度、电势及尘埃颗粒密度随时间的演化过程。图2.15中正、负离子密度,尘埃颗粒密度,电子密度,电子温度及电势都是取等离子体中心处的。由图2.15(a)可以看出,SiH_3^+ 离子密度在放电初始阶段明显增加,但随着时间的增长,SiH_3^+ 密度逐渐趋于一个定值。尘埃颗粒密度在 $t = 0.2$ ms 时开始增大,之后尘埃颗粒密度迅速增大最后趋于一个定值。需要注意的是,在尘埃粒子密度增大的同时,电子密度及 SiH_3^- 离子密度下降。这是由于尘埃颗粒带负电,随着基团粒子 Si_nH_{2n+1} 和 $Si_nH_{2n}^-$ 密度不断增加,为了维持准中性,电子密度及 SiH_3^- 离子密度下降。由图2.15(b)可以发现,电子温度是先下降后缓慢上升的,最后达到一个较稳定的值。电势在整个放电过程是单调下降的,最后趋于一个稳定的值。

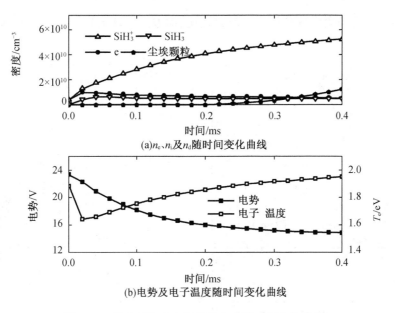

(a)n_e、n_i及n_d随时间变化曲线

(b)电势及电子温度随时间变化曲线

图2.15　等离子体中心处粒子密度随时间变化曲线

注:等离子体的放电时间为0.4 ms。

图2.16 给出了凝聚过程尘埃颗粒的密度分布,曲线上的数字代表尘埃颗粒直径。由图2.16 可以看出,尘埃粒子主要聚集在等离子体区。这与作用在尘埃颗粒表面的电场力、中性粒子拖曳力、离子拖曳力和重力有关。由于在凝聚过程中尘埃颗粒尺寸较小,重力可忽略不计。另一方面,整个硅烷放电过程中,中性气体温度是设为恒定值的,温度梯度为零。然而,热泳力与中性气体温度梯度成正比,即尘埃颗粒不受热泳力的作用。在此种情况下,尘埃颗粒主要受电场力和离子拖曳力作用。电场力的方向是指向等离子体中心处的,而离子拖曳力正好与电场力相反,指向鞘层区。在鞘层区,电子与离子密度的分离使得电场增强,电场力通常远大于离子拖曳力,进而使得尘埃颗粒被束缚在等离子体中心处。由图2.16 还可以看出,随着颗粒尺寸的增大,尘埃粒子密度是下降的,且下降了 3 个量级左右。这是由于在凝聚过程中一般满足质量守恒定律,进而使得 $n_d r_d^3 \propto$ 常数。进一步分析图2.16 可以发现,随着尘埃颗粒尺寸的增大,鞘层厚度在增大。其原因一方面是由于对于小尺寸的尘埃颗粒它的初始粒子为带负电的团簇粒子,而此团簇粒子的鞘层较小;另一方面,对于大尺寸的尘埃颗粒主要受电场力、离子拖曳力的作用,当颗粒尺寸逐渐增大时,电场力增强,鞘层厚度增大。

图2.17 给出了凝聚阶段尘埃颗粒表面电荷的空间分布。由图2.17 可知,尘埃颗粒表面电荷均匀地分布在等离子体中心处,在鞘层边界处,电荷显著升高,达到峰值后迅速下降。这是由于尘埃颗粒主要受电场强度的影响:等离子体中心处的电场强度远小于鞘层区的,因此,等离子体中心处电子获得能量较少,尘埃颗粒表面电荷较低;鞘层处,电场在电子密度和离子密度分离的影响下迅速升高,进而引起电子能量迅速上升,表面电荷密度达到最大,之后在电子密度的影响下尘埃颗粒表面电荷迅速下降。我们还可以发现,随着纳米颗粒尺寸的逐渐增大,尘埃颗粒表面电荷随之增大,尤其是预鞘处的表面电荷。这是由于

尘埃颗粒表面电荷与尘埃颗粒尺寸近似成正比,即 $Q_d = 4\pi\varepsilon_0 r_d V_{fl}$。

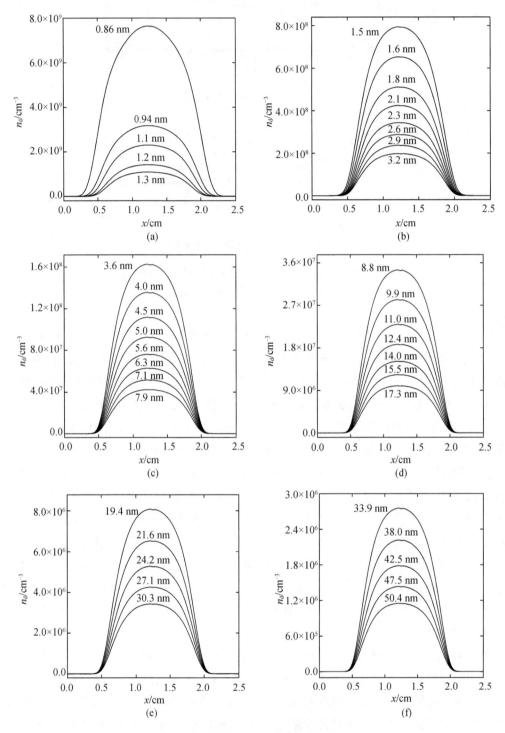

图 2.16　凝聚过程尘埃颗粒密度分布

注:图中 $P = 300$ mTorr, $T_{gas} = 400$ K, $V_l = 90$ V, $V_h = 50$ V, $f_l = 3$ MHz, $f_h = 60$ MHz。

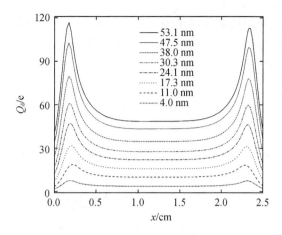

图 2.17　不同直径下尘埃粒子表面电荷的空间分布

注：图中放电参数与图 2.16 相同。

为了让大家更全面、更清楚地了解凝聚过程纳米颗粒的生长情况，图 2.18 给出了凝聚过程中最小尺寸的尘埃粒子密度和最大尺寸的尘埃颗粒密度随时间的演化过程，这里的尘埃粒子密度取等离子体中心处的。由图 2.18 可以看出，直径为 0.86 nm 的尘埃颗粒密度在 $t = 0.1$ s 后迅速增大，$t = 0.1$ s 之前生长较为缓慢，这是由于此尘埃颗粒形成的初始粒子 $Si_{12}H_{25}^-$ 和 $Si_{12}H_{24}^-$ 需要经过复杂而漫长的化学反应过程才能长大。而直径为 53.1 nm 的尘埃颗粒在 $t = 0.26$ s 后才开始生长，并且生长速度较快，最后在 $t = 0.6$ s 趋于稳定。

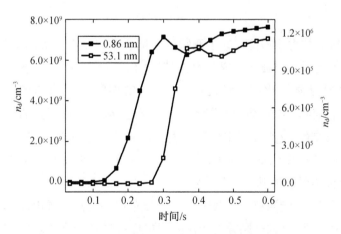

图 2.18　不同直径下尘埃粒子密度随时间的演化

注：图中放电参数与图 2.16 相同。

由于作用在尘埃颗粒表面的电场力及离子拖拽力等直接影响着尘埃颗粒的空间分布情况，因此非常有必要对尘埃粒子的受力进行全面系统的研究。图 2.19 给出了直径为 1 nm 的尘埃颗粒所受电场力及离子拖拽力的空间分布，其中，F_e 代表电场力，F_i 代表离子拖拽力。由图 2.19 可以看出，鞘层区电场力最大值几乎为离子拖拽力最大值的 10^3 倍，而等离子体区电场力也远大于离子拖拽力。这说明在此种放电条件下电场力占主导地位，尘埃颗粒在电场力的作用下束缚在等离子体中心处。由图 2.20 还可以发现,电场力在下极板处为正,上极板处为负,对称分布,且其最大值为 $F_e = 1.8 \times 10^{-13}$ N,$t = 0.1$ s。离子拖拽力在整个区域分布较为平缓,几乎为线性增长。

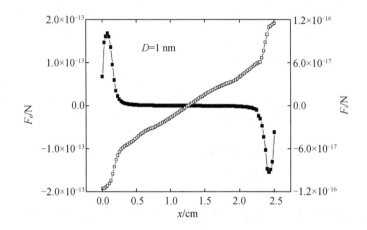

图 2.19　尘埃颗粒表面的电场力 F_e 和离子拖拽力 F_i 的空间分布

注:图中颗粒尺寸为 1 nm,其他放电参数与图 2.16 相同。

2.5　本 章 小 结

　　本章利用一维流体力学模型研究了双频容性耦合硅烷放电中等离子体化学特性,系统地研究了尘埃颗粒的形成过程——成核阶段,揭示了双频源电压和频率对直径为 1 nm 的尘埃颗粒密度及表面电荷的影响。经过研究发现,尘埃颗粒形成的初始离子为 SiH_3^- 和 SiH_2^-,这两种负离子与硅烷气体可以进行分子链反应,从而导致了大的甲硅烷基和亚甲硅烷基 $Si_{12}H_{25}$ 和 $Si_{12}H_{24}^-$ 的产生,而凝聚阶段尘埃颗粒形成的初始粒子是以 $Si_{12}H_{25}$ 和 $Si_{12}H_{24}^-$ 作为源项形成的。本章考虑了 36 种粒子,160 多个化学反应,在经历了 24 000 个高频周期(大约 0.4 ms)后,流体力学模型基本达到稳定。

　　由模拟结果可知,尘埃颗粒密度及表面电荷分布主要受高频源电压和频率的影响。在其他参数一定的条件下,增大高频源电压及频率可以有效地提高尘埃颗粒的密度及表面电荷。相比之下,低频源频率对尘埃颗粒密度及表面电荷几乎不产生影响。然而,当增大低频源电压时,尘埃颗粒密度反而会降低。因此,我们可以通过调节低频源电压的方法在不影响等离子体密度的同时减少尘埃颗粒密度,这对薄膜沉积工艺是非常有益的。此部分的研究成果已发表,详见参考文献。

第 3 章　甚高频 SiH_4、SiH_4/H_2 放电（二维模拟）

3.1　引　言

非晶硅薄膜由于掺杂效率低,太阳电池的光电转换效率也较低,因此,只能应用于计算器、玩具、手表等室内电器上。多晶薄膜电池的效率比非晶硅薄膜电池高,成本比单晶硅电池低,并且易于大规模生产。因此,多晶硅薄膜在集成电路和液晶显示领域中已经得到广泛应用,是非晶硅薄膜电池的一种很好的替代品。

根据多晶硅晶粒的大小,多晶硅薄膜被称为微晶硅薄膜(晶粒大小 10~30 nm)、纳米硅薄膜(晶粒大小 10 nm 左右)。目前,在多晶硅薄膜的研究中主要关注如何在廉价衬底上高速、高质量地生长出多晶硅薄膜。在多晶硅薄膜的制备技术中,大多采用 PECVD 技术,其原因是 PECVD 技术具有设备简单、工艺成本低、生长容易控制、重复性好、便于大规模工业生产等优点。

在 PECVD 工艺中,决定硅结构是非晶还是多晶的一个重要因素就是等离子体的离子能量。一般认为,当轰击基片离子能量较高(如大于 5 eV)时,轰击促进非晶硅的生长;反之,则利于多晶硅薄膜的生长。所以,人们利用各种技术试图降低等离子体中的高能离子数目,以增加薄膜的晶化率。甚高频 PECVD(VHF-PECVD)技术是制备多晶硅薄膜的主要方法,甚高频($f \geqslant 30$ MHz)放电和普通等离子体制备使用的频率(13.56 MHz)相比,可以降低高能离子数目,从而利于多晶硅薄膜的生长。VHF-PECVD 技术的主要特点如下:

(1)高等离子体密度、高沉积速率;

(2)基片上的鞘层电位降低,轰击基片的离子能量较低,有利于微晶(mc-Si)及纳米晶粒的生长。

由于多晶硅太阳能电池需要厚膜,且对薄膜性能等要求较低,所以高速沉积特点很有意义。但在微电子工业中,VHF-PECVD 技术应用较少,这是由于微电子工业需要的是大面积均匀、形貌可控的薄膜,膜的厚度也相对较薄。而 VHF-PECVD 技术沉积速率过高,会导致薄膜质量严重下降(例如容易形成空洞)及驻波效应等,影响其在微电子工业中的应用。

当甚高频应用于电极直径大于 30 cm 的大型反应器时,驻波和趋肤效应比较明显,影响等离子体的空间均匀性。所以,在甚高频等离子体中,需要采取措施来抑制非均匀性。

例如,使用一个特殊形状的电极,如透镜形电极或有空腔的电极(图 3.1)。研究表明,这些电极可以大大提高等离子体的均匀性。但是,与此同时,特殊形状的电极会使反应器设计复杂化。因此,需要寻找其他方法来改善甚高频容性耦合等离子体的非均匀性。

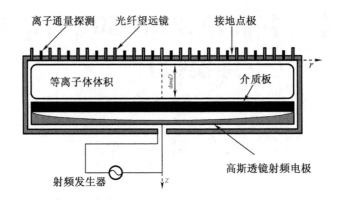

图3.1　透镜形电极装置示意图

最近,Sung 等系统地研究了两个甚高频电源之间的相位差对等离子体动力学行为及径向均匀性的影响(图3.2)。研究结果表明:相位差可以有效地改善等离子体密度和通量的均匀性。这种相位差带来的影响是由于电极与电极及电极与反应室导电壁之间电压流动的再分配导致的。事实上,在理论模拟和实验测量方面都已证实相位控制法可以大大改善甚高频容性耦合等离子体中等离子体的均匀性。

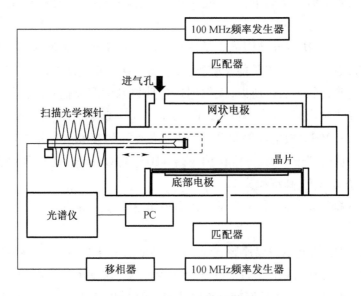

图3.2　相位控制实验装置图

最近,甚高频放电成为薄膜沉积工艺研究的重点,这是由于甚高频放电具有高密度、低电势等优点。因此,人们对甚高频放电进行了大量研究,特别是在多晶硅薄膜沉积方面的应用,高的等离子体密度可以有效提高薄膜的沉积速率,进而提高硅太阳能电池的转化效率。但是,甚高频放电也有严重的缺点,就是由于受到电磁效应及边缘效应等影响,等离子体非常不均匀。

为了改善甚高频放电中等离子体的非均匀性,研究人员做了许多探索性的工作,并得到了有意义的结果。其中 Koshiishi 等率先在中心电极背后加了一个空腔,主要是通过腔尺寸和电极的电阻率大小控制电场分布,从而改善了甚高频容性耦合等离子体的均匀性。结果表明,在 60 MHz 频率下,利用腔耦合方法,可以使得等离子体均匀性得到有效控制,该方法可用于大晶片和更高的频率。2007 年 Koshiishi 等在此单腔的基础上又改进了甚高频装置,采用多腔代替单腔的装置结构来改善等离子体均匀性。结果表明,利用三腔耦合方法,可以使等离子体具有更好的均匀性。瑞士的 Schmidt 等在实验上采用透镜形电极改善等离子体均匀性。他们发现采用透镜形圆电极可以有效地抵消驻波效应,在等离子体容积内产生均匀轴向电场。

虽然采用上述方法可以有效地改善甚高频容性耦合等离子体的均匀性,但是这些形状的电极使反应器设计严重复杂化。因而,研究人员们开始寻找其他简单而实用的方法来改善甚高频容性耦合等离子体的均匀性。这时有人提出通过控制上、下电极相位差的方法来改善等离子体的非均匀性。Sung 等应用发射光谱测量了 $C_4F_8/O_2/Ar$ 等离子体放电过程中等离子体光发射随相位变化的径向分布。他们发现等离子体光发射、等离子体密度等在很大程度上取决于相位大小,并相互关联。结果表明,相位控制法不但可以改善甚高频容性耦合等离子体中等离子体的均匀性,还可以改善刻蚀率的均匀性。

在本书第 2 章中,我们通过一维自洽流体力学模型及气态动力学模型研究了凝聚过程纳米颗粒特性,但是一维模拟在定量上与实际工业装置有一定差别,不能给出等离子体参量的径向演化规律。但在实际薄膜沉积工艺中,粒子的径向迁移、离子通量及薄膜沉积速率的径向分布,直接决定薄膜的均匀性和质量。显然,目前已开展的尘埃颗粒生长过程的研究与实际薄膜沉积工艺发展的需求还有相当大的差距。因此,非常有必要对尘埃颗粒的形成和生长机制进行深入细致的研究。本章通过二维流体模型和气态动力学模型,研究甚高频放电中相位差对凝聚阶段尘埃粒子特性的影响,特别是对尘埃颗粒空间分布的影响。通过二维模型,可以给出等离子体密度、电子温度及尘埃颗粒密度径向分布,还可以给出沉积速率的径向分布。另外,可以根据工艺设计上的需要设置不同的装置结构,使模拟条件更贴近实际装置,从而使结果对实际工业生产更加具有指导意义。

本章将重点讨论等离子体参量的径向与轴向变化规律,研究相位差对凝聚过程中等离子体密度、尘埃颗粒均匀性及沉积速率的影响,并给出不同放电参数下相位差的作用。

3.2　二维模型描述

本书考虑了稀释气体氢气和氩气对硅烷等离子体放电特性的影响,表 3.1 给出了氢与硅烷气体之间的相互作用。

表 3.1　氢与硅烷气体的反应

序号	反应	系数/(m³/s)	注释
1	$SiH_4 + H \longrightarrow SiH_3 + H_2$	1.2×10^{-18}	$2.8 \times 10^{-17} [\exp(-1\,250/T_{gas})]$
2	$Si_2H_6 + H \longrightarrow Si_2H_5 + H_2$	7.0×10^{-18}	$1.6 \times 10^{-16} [\exp(-1\,250/T_{gas})]$
3	$Si_2H_6 + H \longrightarrow SiH_3 + SiH_4$	3.5×10^{-18}	$0.8 \times 10^{-16} [\exp(-1\,250/T_{gas})]$
4	$Si_nH_{2n+2} + H \longrightarrow Si_nH_{2n+1} + H_2$	1.1×10^{-17}	$2.4 \times 10^{-16} [\exp(-1\,250/T_{gas})] \quad n=3,4,\cdots,12$
5	$SiH_3^+ + H_2^+ \longrightarrow SiH_3 + H_2$	4.8×10^{-13}	

与一维流体力学模型的基本方程类似,二维方程只需在 r、z 方向上写成二维的形式。其中,电子的连续性方程、动量方程、能量方程以及泊松方程的求解应用有限体积法,在柱坐标下其相应的二维差分格式为

$$V_{cell}\frac{\mathrm{d}n_{e_{i,j}}}{\mathrm{d}t} = -A_z(\Gamma_{z_{i+\frac{1}{2},j}} - \Gamma_{z_{i-\frac{1}{2},j}}) + A_{r-}\Gamma_{r_{i,j-\frac{1}{2}}} - A_{r+}\Gamma_{r_{i,j+\frac{1}{2}}} + V_{cell}n_{e_{i,j}}k_r n_a \tag{3.1}$$

$$V_{cell}\frac{\mathrm{d}n_{e_{i,j}}T_{e_{i,j}}}{\mathrm{d}t} = -A_z(q_{z_{i+\frac{1}{2},j}} - q_{z_{i-\frac{1}{2},j}}) + A_{r-}q_{r_{i,j-\frac{1}{2}}} - A_{r+}q_{r_{i,j+\frac{1}{2}}} -$$

$$\frac{1}{2}V_{cell}(j_{z_{i-\frac{1}{2},j}}E_{z_{i-\frac{1}{2},j}} + j_{z_{i+\frac{1}{2},j}}E_{z_{i+\frac{1}{2},j}} + j_{r_{i,j-\frac{1}{2}}}E_{r_{i,j-\frac{1}{2}}} + j_{r_{i,j+\frac{1}{2}}}E_{r_{i,j+\frac{1}{2}}}) - V_{cell}W_{e,k}$$

$$\tag{3.2}$$

$$A_z\left[\left(\frac{\Phi_{i+1,j} - \Phi_{i,j}}{\delta z_i}\right) - \left(\frac{\Phi_{i,j} - \Phi_{i-1,j}}{\delta z_{i-1}}\right)\right] - A_{r+}\left(\frac{\Phi_{i,j+1} - \Phi_{i,j}}{\delta r_j}\right) - A_{r-}\left(\frac{\Phi_{i,j} - \Phi_{i,j-1}}{\delta r_j}\right)$$

$$= -V_{cell}(n_{i_{i,j}} - n_{e_{i,j}}) \tag{3.3}$$

以上各式中,$V_{cell} = r \cdot \delta\theta \cdot \delta r \cdot \delta z$ 为差分的单位体积元,A 代表组成体积元的面积元,对于二维问题 $A_r = r \cdot \delta\theta \cdot \delta z$,$A_z = r \cdot \delta\theta \cdot \delta r$,$\Gamma$ 与 q_e 代表电子的通量与能流,其差分方式与第 2 章相同,对于离子的求解采用二维的 FCT 格式。

由于本研究的甚高频放电中电极尺寸较小(直径小于 30 cm),远小于电磁波波长,电磁效应可忽略,因此在模拟中只需通过泊松方程求解静电场。

图 3.3 为研究区域示意图,放电装置是呈中心对称的圆柱形,装置侧壁由绝缘介质构成,上、下极板均为金属导体。上、下极板分别施加了两个相同的甚高频电源,并且两电源电压之间存在着相位差,侧壁接地。

二维硅烷放电的边界选取如下:上极板电压 $V(z=L,t) = V_0\sin(\omega t + \phi_{top})$,下极板电压 $V(z=0,t) = V_0\sin(\omega t + \phi_{bottom})$,侧壁是接地的,因而 $V(z=R,t) = 0$,相位差 $\Delta\phi = \phi_{top} - \phi_{bottom}$,而电极与器壁间隙处的电压是通过线性插值得到的;对于极板处带电粒子的边界可参考 2.3 节,侧壁处电子、离子密度及通量为 $\frac{\partial n}{\partial r} = 0$,$\frac{\partial \Gamma}{\partial r} = 0$;轴中心处考虑到装置的中心对称性我们认为电子、离子密度及通量也满足 $\frac{\partial n}{\partial r} = 0$,$\frac{\partial \Gamma}{\partial r} = 0$。

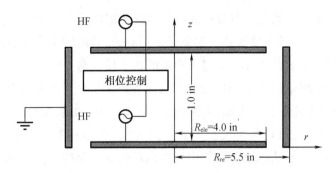

图3.3 甚高频电源驱动等离子体放电示意图

3.3 模拟结果与讨论

在以下数值计算中，所取放电参数如下：极板间距离为 $z = 2.54$ cm（1.0 in），放电装置半径 $R_{re} = 13.97$ cm（5.5 in），电极半径 $r_{elec} = 10.16$ cm（4.0 in）；甚高频源频率及电压分别为 $f = 50$ MHz，$V_0 = 50$ V，中性气体温度 $T_{gas} = 400$ K，尘埃颗粒密度为 $\rho_d = 2.3$ g/cm³。放电过程中气压、相位差及混合气体中氢气含量均为可调参数。

3.3.1 纳米颗粒的生长过程

图3.4给出了硅烷放电中电子温度及电子密度的空间变化情况。由图3.4可以看出，等离子体中心处电子温度分布比较均匀，靠近极板区域及侧壁处电子温度迅速上升，特别是在器壁处电子温度上升最为明显，这主要是受电场力的影响。对于电子密度，我们可以发现，在径向电场作用下电极边缘处的电子密度较大，而后由于壁表面复合效应，在电极边缘到侧壁的区域内，电子密度迅速降低。

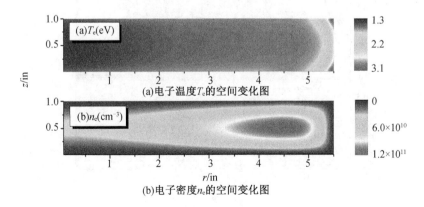

(a)电子温度 T_e 的空间变化图

(b)电子密度 n_e 的空间变化图

图3.4 电子温度 T_e 及电子密度 n_e 的空间变化情况

注：图中 $\Delta\phi = 0°$，$P = 400$ mTorr，$T_{gas} = 400$ K，$V_0 = 50$ V，$f = 50$ MHz。

  图3.5和图3.6分别给出了凝聚过程中尘埃颗粒密度及表面电荷的空间变化情况。由图3.5可以看出,尘埃颗粒主要聚集在等离子体中心处,且随着尘埃颗粒尺寸的增大,尘埃颗粒密度迅速下降。这是由于在凝聚过程中总的粒子质量是守恒的,即 $n_d r_d^3$ 约为常数。此外,颗粒密度在极板边缘处(约4 in)达到最大,极板边缘处到侧壁区域内,由于壁表面复合效应,颗粒密度迅速减小。另一方面,由图3.6中可以看出,尘埃颗粒表面电荷在放电中心处分布比较均匀,在预鞘处电荷则明显上升达到最大,随后下降。这主要与电场和电子密度的分布有关。尘埃颗粒表面电荷在整个极板区域内基本保持不变,在极板边缘处由于受到电场的影响而稍有不同。对比不同尺寸的电荷分布可知,当尘埃颗粒尺寸增大时,尘埃粒子表面电荷增加。这是由于尘埃粒子电荷与粒子尺寸和悬浮电位有关,近似成正比。

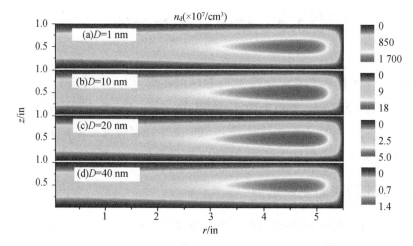

图3.5　不同直径下尘埃颗粒密度的空间变化情况

注:图中放电参数与图3.4相同。

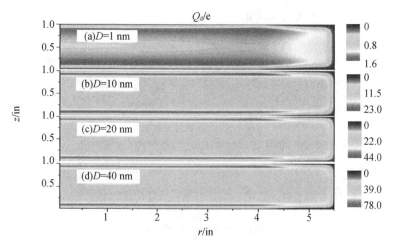

图3.6　不同直径下尘埃粒子表面电荷的空间变化情况

注:图中放电参数与图3.4相同。

3.3.2　电压相位差对等离子体特性的影响

图3.7给出了不同相位差下电子密度的空间分布情况,可以看出电子密度分布与相位差密切相关。图3.7(a)中,当上、下极板相位相同时,电子密度均匀性最差,这是由边缘效应引起的。电子密度在靠近电极边界处有明显的上升,且在电极边界处达到最大,之后由于壁表面复合效应,电子密度下降。随后,随意改变两极板的相位,研究发现,在图3.7(e)中,电子密度最均匀,表明此时所受边缘效应较小。另一方面上、下电极上的电场分布均匀,没有计入驻波效应,这是由于本装置电极尺寸较小,对应驻波效应很弱。

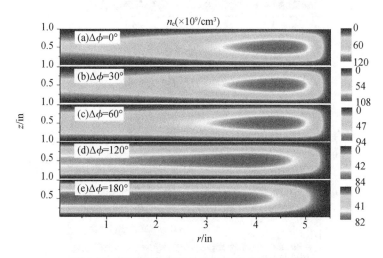

图3.7　不同相位差下电子密度的空间变化情况

注:$P = 400$ mTorr,$T_{gas} = 400$ K,$V_0 = 50$ V,$f = 50$ MHz。

图3.8给出了不同相位差下电子温度的空间分布情况。由图3.8可知,当$\Delta\phi = 0°$时,电子温度分布很不均匀,在器壁处达到最大。由此说明,等离子体主要在器壁附近放电。当$\Delta\phi = 180°$时,等离子体区电子温度分布非常均匀,鞘层区电子温度达到最大。这说明随着相位差的增大,放电由两电极对侧壁($\Delta\phi = 0°$)逐步转化为两电极之间($\Delta\phi = 180°$)。

3.3.3　电压相位差对尘埃颗粒特性的影响

图3.9给出了不同相位差下尘埃颗粒密度的空间变化情况,尘埃颗粒直径为1 nm。这是由于当尘埃颗粒直径$D = 1$ nm时,尘埃颗粒密度及通量都较高。由图3.9可以看出,当相位差$\Delta\phi = 120°$及180°时,径向尘埃颗粒密度分布较均匀,尘埃颗粒密度最大值均匀地分布在整个电极上($0 < r < 4$ in),而在$\Delta\phi = 0°$,30°及60°时均匀性较差,在电极边缘处,由于受到径向电场的作用,尘埃颗粒密度达到最大。这是由于相位差的变化引起电势的重新分配,进而引起电场及等离子体密度空间分布的变化。另外还可以发现,电极边缘处尘埃颗粒密度随着相位差的增大而减小,而电极处尘埃颗粒密度随着相位差的增大而增大。由此说明,相位差不但能够改变尘埃颗粒密度的空间分布,还可以改变尘埃颗粒密度的大小。

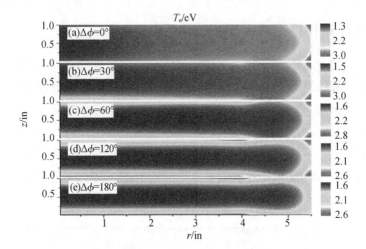

图 3.8 不同相位差下电子温度的空间变化情况

注:图中放电参数与图 3.7 相同。

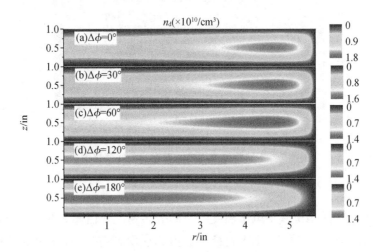

图 3.9 不同相位差下尘埃颗粒密度空间变化情况

注:图中放电参数与图 3.7 相同。

图 3.10 给出了尘埃颗粒非均匀度与相位差的关系,通过非均匀度可以进一步精确地说明等离子体密度、尘埃颗粒密度的均匀性,进而导致的薄膜均匀性。这里我们首先给出尘埃粒子流非均匀度的定义,即

$$\alpha = \frac{\Gamma_{max}(r) - \Gamma_{min}(r)}{\Gamma_{ave}(r)} \tag{3.4}$$

式中,$\Gamma_{max}(r)$、$\Gamma_{min}(r)$、$\Gamma_{ave}(r)$分别为轰击到下极板($0 < r < 4$ in)的尘埃粒子流最大值、最小值及平均值。

从式(3.4)可以看出,直径为 1 nm 的尘埃粒子流在 $\Delta\phi = 120°$ 时均匀性最好(α 值最小,为 5.96),而在 $\Delta\phi = 0°$ 时最差(此时非均匀度值最大)。由此我们可以得出以下结论:通过改变相位差大小可以有效地改善尘埃颗粒密度的均匀性,进而改善尘埃颗粒通量的均匀性。在实际的薄膜沉积工艺中,目的是希望保证轰击到晶片表面上离子通量的均匀性。因此,由图3.10可知,在甚高频放电中要保证薄膜均匀性,需要调节上下极板间的相位差,当$\Delta\phi=120°$时,均匀性最好。

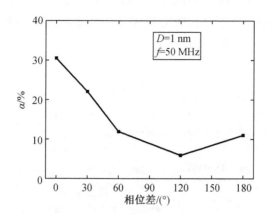

图3.10　非均匀度随相位差的变化

注:图中放电参数与图3.7相同。

图3.11给出了不同相位差下沉积速率的径向分布曲线,尘埃颗粒直径为1 nm。由图3.11可以看出沉积速率的变化情况:相位差增大,硅沉积速率上升,沉积速率的径向均匀性也有所提高;$\Delta\phi=120°$和$\Delta\phi=180°$时沉积速率均匀性的差别较小。在实际的太阳能电池薄膜沉积工艺中,希望保证较高的沉积速率。由图3.9、图3.10及图3.11可以看出,在甚高频放电中要想保证高的沉积速率及均匀性好的薄膜,需要将上下极板间的相位差调至$\Delta\phi=180°$。

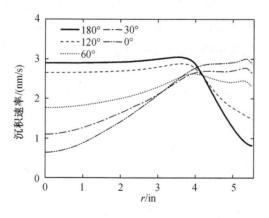

图3.11　不同相位差下沉积速率的径向分布

注:图中放电参数与图3.7相同。

图3.12给出了在较高气压$P=1.0$ Torr下尘埃颗粒密度空间分布随相位差的变化,尘埃颗粒直径取为1 nm。由图3.12可以看出,尘埃颗粒的密度分布情况与图3.9类似,都是

在 $\Delta\phi = 120°, 180°$ 时均匀性较好,而在 $\Delta\phi = 0°$ 最差。通过对比图 3.9 及图 3.12,可以发现当气压 $P = 1.0$ Torr 时,尘埃颗粒的密度升高到气压 $P = 400$ mTorr 的两至三倍,且极板处 $(0 < r < 4 \text{ in})$ 等离子体密度是随着相位差增大而迅速升高的。另一方面通过图 3.9 和图 3.11,我们观察到尘埃颗粒密度与沉积速率密切相关,尘埃颗粒密度增大了,沉积速率也会相应增大。因此,在其他条件不变的情况下,要想得到沉积速率高且均匀的薄膜,需要提高气压且将相位差调至 $\Delta\phi = 120°, 180°$。

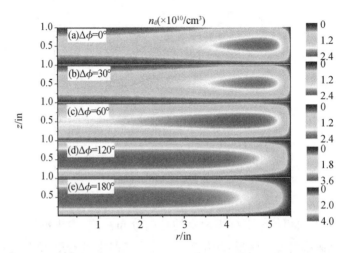

图 3.12　不同相位差下气压为 1.0 Torr 的尘埃粒子密度空间分布情况

注:$f = 50$ MHz,$T_{gas} = 400$ K,$V_0 = 50$ V。

图 3.13 给出了气压为 1.0 Torr 时尘埃粒子非均匀度随相位差的变化关系,粒子直径为 1 nm。可以看到随着相位差的升高,非均匀度先下降后上升,在 $\Delta\phi = 120°$ 时达到最小,$\Delta\phi = 0°$ 时最大。说明通过调节相位差改善均匀性的方法在高气压下也是适用的。此外,通过对比图 3.11 与图 3.8 可知,高压下,$\Delta\phi = 120°$ 时非均匀度最小,此时 $\alpha = 2.7$;低压时,同样是在 $\Delta\phi = 120°$ 时非均匀度最小,此时 $\alpha = 6.0$。

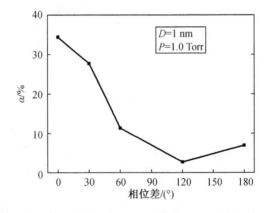

图 3.13　气压为 $P = 1.0$ Torr 下非均匀度随相位差的变化

注:放电参数与图 3.12 相同。

最近研究表明,多晶硅薄膜中加入适量的氢可以有效地改善薄膜的质量(参考文献[16])。另外,在实验中研究硅烷放电时,一般都需要加稀释气体以防止爆炸。因此,这里我们还讨论了相位差在含氢稀释气体的硅烷放电中的影响。图3.13显示了不同相位差下氢稀释率 $R = 0.5$ 时尘埃颗粒数密度的空间分布情况,这里气压 $P = 1.0$ Torr,颗粒直径为1 nm。氢稀释率 R 表达式为

$$R = \frac{P_{H_2}}{P_{SiH_4}} \tag{3.5}$$

式中,P_{H_2}、P_{SiH_4} 分别为混合气体中氢气及硅烷的压强。

通过对比可以发现,当加入稀释气体时,尘埃粒子密度的下降,大约下降了50%(与图3.10相比)。这主要是因为在氢气放电中,氢气电离的能量阈值较大(15.4 eV),远大于硅烷放电的电离阈值(8.9 eV);另一方面,氢气放电中电子参与的反应较少。因此,当加入稀释气体时,等离子体密度下降,进而引起尘埃颗粒密度下降,沉积速率降低。

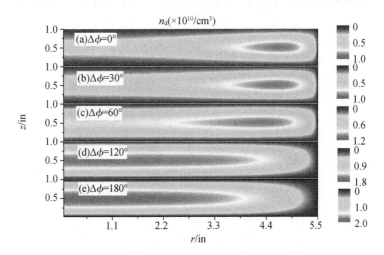

图3.14 不同相位差下氢稀释率 $R = 0.5$ 时尘埃粒子密度空间分布情况

注:图中 $P = 1.0$ Torr,$T_{gas} = 400$ K,$V_0 = 50$ V,$f = 50$ MHz。

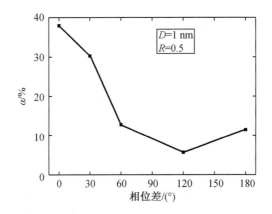

图3.15 氢稀释率为0.5时非均匀度与相位差的关系

注:图中气压为 $P = 1.0$ Torr,其他的放电参数与图3.14相同。

3.4　本　章　小　结

本章主要通过二维流体力学模型及气态动力学模型相结合的方法,研究了柱坐标下尘埃粒子生长过程中纳米粒子密度分布情况,重点探讨了甚高频放电中相位差对电子密度、电子温度及尘埃颗粒密度空间均匀性的影响;还讨论了不同参数下,相位差对尘埃颗粒密度分布及均匀度大小的影响。数值模拟结果表明:

(1)凝聚过程中,当尘埃颗粒直径从 1 nm 生长至 50 nm 时,尘埃颗粒密度迅速下降,而尘埃颗粒表面所带电荷缓慢上升。

(2)相位差不仅可以有效地改善电子密度、电子温度及尘埃颗粒密度的空间均匀性,而且可以提高硅薄膜沉积速率的大小及径向均匀性。

(3)通过调节相位差改善等离子体均匀性的方法在较高气压和含氢稀释气体的硅烷放电中也适用。

第 4 章　$SiH_4/NH_3/N_2$ 放电

4.1　引　言

硅烷(SiH_4)是一种重要的电负性气体,它可以用于沉积非晶硅及多晶硅薄膜,另外当硅烷气体中加入氨气(NH_3)或氮气(N_2)或它们的混合气体时,会产生氮化硅薄膜;而当其中加入氧气(O_2)时,会产生二氧化硅薄膜。这里我们主要研究 SiH_4 气体在氮化硅薄膜中的应用。

氮化硅薄膜是一种物理、化学性能均非常优秀的半导体薄膜,具有高的介电常数、可靠的耐热抗腐蚀性能和优异的机械性能等,因此在微电子领域常被用作绝缘层、表面钝化层、最后保护膜和结构功能层等。目前主要采用等离子体增强化学气相沉积(PECVD)法沉积氮化硅薄膜,薄膜的特性依赖于薄膜中的氢含量。通常人们不希望得到氢含量高的薄膜,但在采用 SiH_4/NH_3 混合气体放电沉积氮化硅薄膜的实验中发现,用 NH_3 作为氮源生长的薄膜氢含量较多,而如果采用 SiH_4/N_2 混合气体,虽然能使氢含量减少、氮含量增加,但成膜质量差、保形性不好且成膜速率低。目前,人们试图采用 $SiH_4/NH_3/N_2$ 这三种混合气体进行放电并沉积氮化硅薄膜。因此,选择合适的放电性质及放电条件,对 $SiH_4/NH_3/N_2$ 混合气体的放电过程进行细致地理论研究有助于提供一些改善氮化硅薄膜质量的新方法。

4.2　低频脉冲 $SiH_4/NH_3/N_2$ 放电

本节主要研究低频放电中脉冲电压调制对等离子体放电参数的影响。最近发现,脉冲放电对于材料处理方面有重要影响。一方面,在平均功率相同的条件下,脉冲放电中平均带电粒子密度可以更高,而且对薄片的损失更小;另一方面,在电源关闭时,电负性等离子体中负离子也可以逃离,这对材料处理也是有益的。因此,有必要对脉冲 $SiH_4/NH_3/N_2$ 放电进行详细了解。

低频等离子体放电在 PECVD 中有着重要的影响:一方面,在低频等离子体中可以获得较高的离子轰击能量;另一方面,在低频等离子体中不需要频率转换器,使得 PECVD 的装置简单方便,且造价低。因此,许多研究人员对低频等离子体特性进行了细致地研究。

Conti 等通过实验测量和理论模拟的方法研究了射频频率为 40 kHz 的容性耦合氮放电。理论和实验都表明,在低射频氮放电中能够产生大量的高能电子,且这些高能电子密度是体电子密度的 0.1% 量级。Jafari 等在研究等离子体聚合丙烯酸(PPAA)涂层时发现,在低频(70 kHz)放电中可以获得高稳定的涂层,这点类似于直流辉光放电,很有可能是由于离子在涂层的交联过程中起着重要作用。Budaguan 等首次通过 55 kHz 的 PECVD 方法研究了非晶硅碳(a-SiC:H)薄膜沉积过程及薄膜特性。研究表明,采用 55 kHz PECVD 方法沉积的 a-SiGe:H 薄膜速率(5.3~11.1 Å/s)比标准射频(13.56 MHz)PECVD 的沉积速率(约 3 Å/s)高。后来,Budaguan 等又采用射频频率为 55 kHz 的 PECVD 方法研究极板温度对 a-SiGe:H 薄膜的光电性能与微观结构的影响。结果发现,态密度分布并不随极板温度的降低而发生显著变化,这归因于低频放电中生长表面的离子轰击作用。另一方面,当极板温度降低时,光敏性增强。由此可见,低频放电对等离子体化学气相薄膜沉积过程薄膜的特性具有重要的意义。

4.2.1　放电模型

图 4.1 是我们所要模拟的放电系统结构示意图,在一个电容耦合的等离子体发生器内,下极板是一个加有射频脉冲电压调制的电极,放电电压为

$$V = \begin{cases} V_0 \sin(2\pi ft), & 0 \leqslant t \leqslant \eta\tau \\ 0, & \eta\tau \leqslant t \leqslant \tau \end{cases} \tag{4.1}$$

射频源频率 $f = 40$ kHz,而上极板接地。

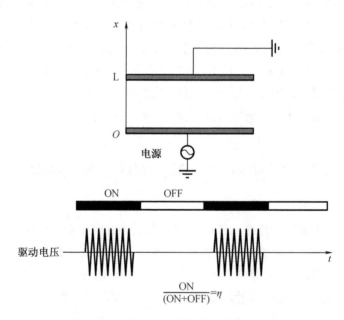

图 4.1　脉冲容性耦合等离子体结构示意图

首先电子、离子及中性粒子密度 n_j 以及通量 Γ_j 仍然可以通过连续性方程和动量方程确定,即

$$\frac{\partial n_j}{\partial t} + \nabla \cdot \Gamma_j = S_j \tag{4.2}$$

$$\Gamma_j = \mu_j n_j E - D_j \frac{\mathrm{d}n_j}{\mathrm{d}x} \tag{4.3}$$

由于离子质量比电子质量大得多,需要采用有效电场代替式(4.2)中的电场。

$$\frac{\partial E_{\mathrm{eff},i}}{\partial t} = \frac{e}{\mu_i m_i}(E - E_{\mathrm{eff},i}) \tag{4.4}$$

电场 E 和电势 Φ 由泊松方程决定:

$$\frac{\partial^2 \Phi}{\partial x^2} = -\frac{e}{\varepsilon_0}\left(\sum n_+ - \sum n_- - n_e\right) \tag{4.5}$$

式中,n_+、n_-、n_e 分别代表正离子、负离子及电子密度;ε_0 为真空介电常数。

最后,电子能量守恒方程为

$$\frac{\partial w_e}{\partial t} + \frac{\partial \Gamma_w}{\partial x} = -e\Gamma_e E + S_w \tag{4.6}$$

$$\Gamma_w = \frac{5}{3}\mu_e w_e E - \frac{5}{3}D_e \frac{\partial w_e}{\partial x} \tag{4.7}$$

式中,w_e、Γ_w、S_w 分别为电子能量密度、能量密度通量及能量损失项(通过电子碰撞产生的)。这里没有考虑离子及中性粒子的能量分布,假设离子温度与中性气体温度相同,且为常数。本研究中,考虑的电子碰撞反应如表4.1所示,离子间的反应如表4.2所示,NH₃ 中中性粒子之间的反应如表4.3所示,NH₃ 与硅烷之间的相互作用如表4.4所示。

表4.1 电子与中性粒子间的反应及相应的能量阈值

序号	反应方程式	反应类型	能量阈值/eV
1	$SiH_4 + e^- \longrightarrow SiH_3^+ + H + 2e^-$	电离	11.9
2	$SiH_4^{(2\sim4)} + e^- \longrightarrow SiH_3^+ + H + 2e^-$	电离	11.8
3	$SiH_4^{(1\sim3)} + e^- \longrightarrow SiH_3^+ + H + 2e^-$	电离	11.7
4	$Si_2H_6 + e^- \longrightarrow Si_2H_4^+ + 2H + 2e^-$	电离	10.2
5	$SiH_4^{(0)} + e^- \longrightarrow SiH_4^{(2\sim4)} + e^-$	激发	0.113
6	$SiH_4^{(0)} + e^- \longrightarrow SiH_4^{(1\sim3)} + e^-$	激发	0.27
7	$SiH_4 + e^- \longrightarrow SiH_3 + H + e^-$	解离	8.3
8	$SiH_4^{(2\sim4)} + e^- \longrightarrow SiH_3 + H + e^-$	解离	8.2
9	$SiH_4^{(1\sim3)} + e^- \longrightarrow SiH_3 + H + e^-$	解离	8.1
10	$SiH_4 + e^- \longrightarrow SiH_2 + 2H + e^-$	解离	8.3
11	$SiH_4^{(2\sim4)} + e^- \longrightarrow SiH_2 + 2H + e^-$	解离	8.2
12	$SiH_4^{(1\sim3)} + e^- \longrightarrow SiH_2 + 2H + e^-$	解离	8.1
13	$SiH_4 + e^- \longrightarrow SiH_3^- + H$	附着	5.7
14	$SiH_4^{(2\sim4)} + e^- \longrightarrow SiH_3^- + H$	附着	5.6
15	$SiH_4^{(1\sim3)} + e^- \longrightarrow SiH_3^- + H$	附着	5.5
16	$SiH_4 + e^- \longrightarrow SiH_2^- + 2H$	附着	5.7

表 4.1（续）

序号	反应方程式	反应类型	能量阈值/eV
17	$SiH_4^{(2\sim4)} + e^- \longrightarrow SiH_2^- + 2H$	附着	5.6
18	$SiH_4^{(1\sim3)} + e^- \longrightarrow SiH_2^- + 2H$	附着	5.5
19	$H_2 + e^- \longrightarrow H_2^+ + 2e^-$	电离	15.4
20	$H_2^0 + e^- \longrightarrow H_2^{(v=1)} + e^-$	激发	0.54
21	$H_2^0 + e^- \longrightarrow H_2^{(v=2)} + e^-$	激发	1.08
22	$H_2^0 + e^- \longrightarrow H_2^{(v=3)} + e^-$	激发	1.62
23	$H_2 + e^- \longrightarrow H + H + e^-$	解离	8.9
24	$NH_3 + e^- \longrightarrow NH_3^+ + 2e^-$	电离	18.9
25	$NH_3 + e^- \longrightarrow NH_2^+ + H + 2e^-$	电离	19.4
26	$NH_3 + e^- \longrightarrow NH_2 + H + e^-$	解离	A
27	$NH_3 + e^- \longrightarrow NH + 2H + e^-$	解离	A
28	$N_2 + e^- \longrightarrow N_2^+ + 2e^-$	解离	15.6

注:其中 A 代表能量阈值是通过反应截面求得的,反应截面由文献(Dollet 等,2006)给出。

表 4.2 离子间的反应

序号	反应方程式	反应系数/(m^3/s)
1	$SiH_3^+ + NH_3 \longrightarrow SiH_4N^+ + H_2$	3.00×10^{-10}
2	$SiH_3^+ + NH_3 \longrightarrow NH_4^+ + SiH_2$	2.50×10^{-10}
3	$SiH_2^+ + NH_3 \longrightarrow SiH_4N^+ + H$	4.60×10^{-10}
4	$SiH_2^+ + NH_3 \longrightarrow SiH_3N^+ + H_2$	1.30×10^{-10}
5	$SiH_2^+ + NH_3 \longrightarrow NH_4^+ + SiH$	0.66×10^{-10}
6	$SiH^+ + NH_3 \longrightarrow SiH_2N^+ + H_2$	1.08×10^{-10}
7	$SiH^+ + NH_3 \longrightarrow SiH_4N^+$	5.40×10^{-11}
8	$SiH^+ + NH_3 \longrightarrow NH_4^+ + Si$	1.80×10^{-11}
9	$NH_3^+ + SiH_4 \longrightarrow NH_4^+ + SiH_3$	2.64×10^{-9}
10	$NH_3^+ + SiH_4 \longrightarrow SiH_3^+ + NH_2 + H_2$	9.54×10^{-10}
11	$NH_2^+ + SiH_4 \longrightarrow NH_3^+ + SiH_3$	1.00×10^{-9}
12	$SiH_3N^+ + NH_3 \longrightarrow SiH_4N^+ + NH_2$	6.36×10^{-10}
13	$SiH_2N^+ + NH_3 \longrightarrow SiH_2N^+ + NH_2$	2.50×10^{-10}
14	$NH_3^+ + NH_3 \longrightarrow NH_4^+ + NH_2$	2.20×10^{-9}
15	$NH_3^+ + H_2 \longrightarrow NH_4^+ + H$	4.00×10^{-13}
16	$NH_2^+ + H_2 \longrightarrow NH_3^+ + H$	1.00×10^{-9}

表4.3　中性粒子间的反应

序号	反应方程式	反应系数/(m³/s)
1	$NH_3 + H \longrightarrow H_2 + NH_2$	$1.34 \times 10^{-10} \exp(-7\,325/T_g)$
2	$NH_3 + NH + M \longrightarrow H_2H_4 + M$	$5.00 \times 10^{-35}\,cm^6/s$
3	$NH_2 + H \longrightarrow NH + H_2$	4.81×10^{-12}
4	$NH_2 + H + M \longrightarrow HH_3 + M$	$6.06 \times 10^{-30}\,cm^6/s$
5	$NH_2 + H_2 \longrightarrow H + NH_3$	$2.09 \times 10^{-12} \exp(-4\,277/T_g)$
6	$NH_2 + NH_2 + M \longrightarrow N_2H_4 + M$	$6.90 \times 10^{-30}\,cm^6/s$
7	$NH_2 + NH_2 \longrightarrow N_2H_2 + H_2$	8.31×10^{-11}
8	$NH_2 + NH_2 \longrightarrow NH_3 + NH$	$8.31 \times 10^{-11} \exp(-5\,100/T_g)$
9	$NH_2 + N \longrightarrow N_2 + H + H$	1.20×10^{-10}
10	$NH_2 + NH \longrightarrow N_2H_2 + H$	$2.49 \times 10^{-9}(T_g^{-\frac{1}{2}})$
11	$NH + H_2 \longrightarrow H + NH_2$	$5.96 \times 10^{-11} \exp(-7\,782/T_g)$
12	$NH + H \longrightarrow H_2 + N$	$5.98 \times 10^{-11} \exp(-166/T_g)$
13	$NH + H + M \longrightarrow NH_2 + M$	$8.72 \times 10^{-25}(T_g^{-2})\,cm^6/s$
14	$NH + N \longrightarrow N_2 + H$	4.98×10^{-11}
15	$NH + NH \longrightarrow N_2 + H + H$	8.31×10^{-11}
16	$N + H + M \longrightarrow NH + M$	$5.00 \times 10^{-32}\,cm^6/s$
17	$N_2H_2 + H \longrightarrow NNH + H_2$	$8.31 \times 10^{-11} \exp(-510/T_g)$
18	$N_2H_2 + NH \longrightarrow NNH + NH_2$	$1.66 \times 10^{-11} \exp(-510/T_g)$
19	$N_2H_2 + NH_2 \longrightarrow NNH + NH_3$	$1.66 \times 10^{-11} \exp(-510/T_g)$
20	$NNH + H \longrightarrow N_2 + H_2$	$6.64 \times 10^{-11} \exp(-1\,531/T_g)$
21	$NNH + NH \longrightarrow N_2 + NH_2$	8.30×10^{-11}
22	$NNH + NH_2 \longrightarrow N_2 + NH_3$	8.30×10^{-11}

注:其中 T_g 代表中性气体温度。

表4.4　硅烷与氨气中性粒子间的反应

序号	反应方程式	反应系数/(m³/s)
1	$NH_2 + SiH_4 \longrightarrow NH_3 + SiH_3$	8.30×10^{-14}
2	$NH_2 + SiH_3 \longrightarrow SiH_2NH_2 + H$	1.00×10^{-10}
3	$NH_2 + SiH_2NH_2 \longrightarrow SiH(NH_2)_2 + H$	1.00×10^{-10}
4	$NH_2 + SiH(NH_2)_2 \longrightarrow SiH(NH_2)_3 + H$	1.00×10^{-10}
5	$NH_2 + Si(NH_2)_3 \longrightarrow Si(NH_2)_4$	1.00×10^{-10}
6	$H + SiH_2NH_2 \longrightarrow SiH_3NH_2$	1.70×10^{-11}
7	$H + SiH(NH_2)_2 \longrightarrow SiH_2(NH_2)_2$	5.00×10^{-11}
8	$H + SiH(NH_2)_3 \longrightarrow SiH(NH_2)_3$	1.00×10^{-10}

表 4.4(续)

序号	反应方程式	反应系数/(m^3/s)
9	$H + SiH_3NH_2 \longrightarrow SiH_2NH_2 + H_2$	5.00×10^{-11}
10	$H + SiH_2(NH_2)_2 \longrightarrow SiH(NH_2)_2 + H_2$	5.00×10^{-11}
11	$H + SiH(NH_2)_3 \longrightarrow SiH(NH_2)_3 + H_2$	5.00×10^{-11}
12	$NH + SiH_4 \longrightarrow SiH_2NH_2 + H$	1.00×10^{-10}
13	$NH + SiH_3 \longrightarrow SiH_2NH_2$	5.00×10^{-11}
14	$NH_2 + SiH_2 \longrightarrow SiH_2NH_2$	5.00×10^{-11}
15	$NNH + SiH_4 \longrightarrow N_2 + H_2 + SiH_3$	1.00×10^{-13}
16	$NNH + SiH_3 \longrightarrow SiH_4 + N_2$	5.00×10^{-11}
17	$NNH + SiH_2 \longrightarrow SiH_3 + N_2$	5.00×10^{-11}
18	$NNH + SiH \longrightarrow SiH_2 + NH$	5.00×10^{-11}
19	$SiH_2 + NH_3 \longrightarrow SiH_3NH_2$	1.00×10^{-13}

4.2.2 边界条件

边界的选取与第 2 章类似。具体如下：$\Gamma_e = \frac{1}{4} n_e u_{th}(1 - \Theta) - \gamma_{se}\Gamma_i$，$u_{th} = \sqrt{\frac{8T_e}{\pi m_e}}$ 是电子的平均热运动速度，Θ 是电子器壁上反射系数，这里取 $\Theta = 0.25$，γ_{se} 为二次电子发射系数（在低频放电中，需要考虑二次电子，否则放电不能维持）。电子能流在边界处的取值为

$$\Gamma_w = \frac{5}{2} T_e \Gamma_e$$

负离子流通量在边界处的取值为 $\Gamma_- = \frac{1}{4} n_- u_{th,i}$，$u_{th,i} = \sqrt{\frac{8k_B T_i}{\pi m_i}}$ 是离子的平均热运动速度。对于正离子，我们设它的通量在边界处连续即边界处的梯度为零，$\frac{\partial \Gamma_+}{\partial x} = 0$。对于中性基团粒子，边界处的中性粒子流为 $\Gamma_n = \frac{s_n}{2(2 - s_n)} n_n u_{th}$。其中 $s_n = \beta_n - \gamma_n$ 为中性粒子黏附系数，β_n 是表面反应系数（代表中性粒子在表面的反应概率），γ_n 是复合系数（代表中性粒子与其他吸附粒子产生稳态气体的概率）。系数 s_n、β_n 及 γ_n 由文献给出。

4.2.3 结果与讨论

在如下讨论中，采用的放电参数为：极板间距 $L = 3.0$ cm，气体温度 $T_{gas} = 400$ K，总气压 $P_{tot} = 1.5$ Torr，混合气体的气压比 $P_{SiH_4} : P_{NH_3} = 1:3$，$P_{(SiH_4 + NH_3)} : P_{N_2} = 1:2$。初始电压的峰值 $V_0 = 100$ V，二次电子发射系数 $\gamma_{se} = 0.1$。这里我们取脉冲调制周期为 $\tau = 100$ μs。由于我们主要研究脉冲放电物理特性，因此占空比的选取很重要。这里我们选三种不同占空比下等离子体密度、电子温度与连续放电的进行对比。另外还讨论了占空比对负离子密度分布

的影响。

图4.2给出了不同占空比下等离子体中心处电子密度随时间的变化情况。从图中可以看出,在放电开启时,电子密度略微上升,在放电熄灭时,电子密度迅速下降。且在电压相同时,电子密度随着占空比的增大而增大,特别是在余辉过程中变化较大。通过与图6.3的对比,我们还发现了 SiH₄/NH₃/N₂脉冲放电余辉过程中的一些特性,即电子温度 T_e 比电子密度 n_e 的下降速率高得多。例如,当占空比为 $\eta = 0.5$ 时,电子密度大概下降了2倍(从 $t = 50$ μs 时的 6.0×10^9 cm⁻³ 下降到 $t = 100$ μs 时的 3.0×10^9 cm⁻³),而电子温度却下降了将近两个量级(从 1.5 eV 下降到 0.01 eV)。另外,我们还发现在开启期间,随着占空比增大,电子温度几乎不发生任何变化,而在关闭期间,随着占空比下降电子温度迅速下降。

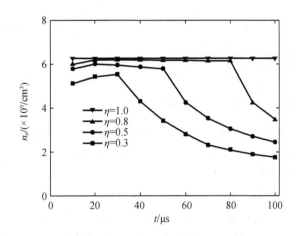

图4.2 不同占空比下等离子体中心处电子密度随时间的变化情况

注:图中脉冲调制周期 $\tau = 100$ μs。

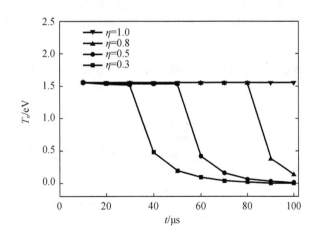

图4.3 不同占空比下等离子体中心处电子温度随时间的变化情况

注:图中脉冲调制周期 $\tau = 100$ μs。

脉冲放电中负离子密度随占空比的变化如图4.4所示。图4.4(a)给出了极板处负离子密度随时间的变化。我们发现在余辉过程,负离子的密度迅速上升。这是由于在放电熄灭时,电子温度迅速下降,从而吸附速率增加到一个较大值,而电子密度很小,当 n_e/n_- 很小时,限制负离子空间正电荷形成的势垒坍塌。这样大量的负离子开始逃向器壁。从图4.4(b)中可以更清楚地看到器壁处负离子密度的空间分布。随着占空比减小,逃向器壁的离子数大大增多。特别是当 $\eta = 0.3$ 时,等离子体中心处的 SiH_3^- 离子密度几乎与极板处的离子密度相同。

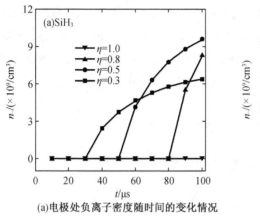 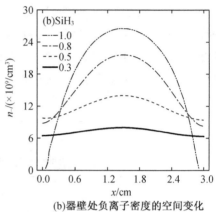

(a)电极处负离子密度随时间的变化情况　　　　(b)器壁处负离子密度的空间变化

图4.4　不同占空比下负离子密度随时空的变化情况

注:图中占空比分别 $\eta = 0.3, 0.5, 0.8, 1.0$,脉冲调制周期 $\tau = 100\ \mu s$。

图4.5给出了等离子体中心处正离子密度随着占空比的变化。由图可知,随着占空比增大,离子密度增大。然而,正离子密度上升速率远小于轰击到极板处离子能量的增长速率,如图4.6所示。以 N_2^+ 为例,当增大占空比时(从0.3到1.0),离子密度增大了约3倍,而离子能量却增大了四个量级。因此,我们可以得出结论:适当地调整脉冲放电的占空比,可以在不大幅度地降低等离子体密度的条件下,大幅度地减少轰击到极板上的能量。另外,从图4.5及图4.6中还发现尽管混合气体中硅烷的含量很低,但 SiH_3^+ 密度及能量值却很大。一方面是由于硅烷的电离阈值较小;另一方面,硅烷放电中考虑了受激激发项 $SiH_4^{(2\sim4)}$ 及 $SiH_4^{(1\sim3)}$,而这两项也参与了电离反应,这样就会产生更多的 SiH_3^+ 离子。

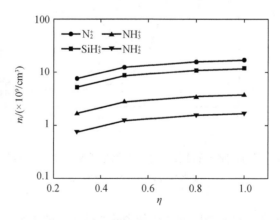

图4.5　等离子体中心处正离子体密度受占空比的影响

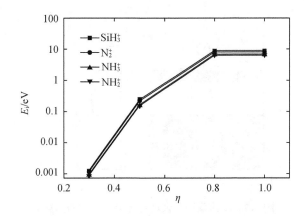

图4.6 轰击到下极板处正离子体能量受占空比的影响

4.3 双频 SiH$_4$/NH$_3$/N$_2$ 放电

近年来,由于双频 CCP 具有独立控制等离子体密度及离子能量的特性,双频放电在薄膜沉积工艺方面备受重视,如在氮化硅薄膜、氟化二氧化硅薄膜沉积中均有应用。因此,采用双频容性耦合放电方式来沉积氮化硅薄膜是一个非常有意义的尝试。为了提高工艺质量我们需要对这种等离子体的放电过程及物理特性进行深入研究,但目前对类似的反应性气体放电过程做实时监控还十分困难,因此仿真模拟整个放电过程有着重要的指导意义。

本节采用二维流体力学模型研究 SiH$_4$/NH$_3$/N$_2$ 混合气体在双频容性耦合等离子体放电中的物理特性,研究等离子体密度和离子能量的空间分布随放电参数变化的规律,并重点讨论它们对沉积工艺的影响。

4.3.1 模型描述

二维流体模型方程在形式上与一维方程相同,包含了连续性方程、动量方程、电子能量方程以及泊松方程。对于电子平衡方程、电子能量方程及泊松方程的求解采用的是有限体积法,详情可见文献[77]。

本研究考虑了极板的厚度,如图4.7所示。其中半径为 13.97 cm(5.5 in),上下极间距为 1.397 cm(0.55 in),下电极半径为 8.89 cm(3.5 in)。整个装置的侧壁由绝缘介质构成,上下极板为金属导体。上极板接射频电源 $V(z=L,t)=V_0 \sin(\omega t)$,下极板接地,射频源频率 $f=13.56$ MHz。其他放电参数如下:气体温度 $T_{gas}=400$ K,总气压 $P_{tot}=1.5$ Torr,气压比分别表示为 $P_{NH_3}:P_{N_2}=\alpha$,$P_{NH_3}:P_{SiH_4}=\beta$,$P_{NH_3}:P_{N_2}:P_{SiH_4}=\gamma$,时间步长为 $\Delta t=7.4 \times 10^{-11}$ s,计算直至等离子体放电过程达到稳定。

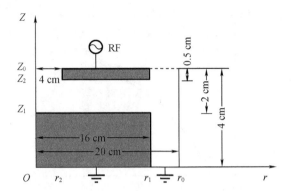

图4.7 二维双频容性耦合等离子体结构示意图

4.3.2 结果与讨论

本节给出了二维流体模型的计算结果,主要讨论了临界参数的变化对氮化硅沉积过程的影响。在这个模拟中,用氨气和氮气稀释的硅烷混合物作为沉积前驱体。我们对电容耦合 PECVD 反应器进行了模拟(图4.7),需要强调的是本研究考虑了极板的厚度,其中两电极之间间隙为 $Z_2 - Z_1 = 2$ cm,两个电极半径分别为 $r_1 = 16$ cm, $r_2 - r_1 = 12$ cm。模拟电抗采用 13.56 MHz 射频正弦电压驱动。设初始电压 $V_0 = 60$ V,气体总压强 $P_{tot} = 1.5$ Torr,其中 $P_{(N_2+NH_3)} : P_{SiH_4} = 19:1$ 中 $P_{N_2} : P_{NH_3} = 8:11$。本模型中的离子和背景气体的温度保持恒定, $T_{ion} = T_{gas} = 400$ K。除背景气体压强、$P_{N_2} : P_{NH_3}$ 以及极板间距等外界因素外,其他参数均为恒定值。在本模拟中,一个射频周期被分为 2 000 个时间步长。下面的讨论是基于流体模型的收敛性,保证了后续两个射频循环间放电参数的相对变化小于 10^{-6}。

图4.8 和图4.9 分别给出了上述等离子体放电中电子密度 n_e 和电子温度 T_e 的空间变化曲线。从图4.8 中可以看出,电子密度在等离子体大部分区域呈现出较高的浓度,特别是靠近电极一侧的电子密度相对于中心的电子密度而言,表现出明显的边缘效应。电极之间的等离子体可能是通过从外部向内部扩散而存在的。与规则的轴对称反应腔室有所不同,放电区域存在明显的扩散现象。另外,由于两电极半径的不同,上部电极的多余部分,即 r_2 区域,电子密度可以快速地扩散到上极板。这种效应可以归因于靠近上极板的电子温度较大,能量较高,如图4.9 所示。从图4.9 中还可以看出,电子温度在电极边界处呈现出较高的温度,说明射频源能量主要耗散在电极边界处。同时,在射频源的影响下,等离子体区域的电子温度几乎为常数,但在鞘层附近开始出现明显的振荡。

图4.10 给出 PECVD 腔室中主要的正离子密度空间分布。从图4.10 中可以看出, SiH_3^+、NH_3^+ 和 N_2^+ 的正离子密度在电极边缘处有一个明显的峰值,这与电子密度的空间分布类似,主要是由于此处的电子能量较高,电离出更多的离子。需要强调的是,在本研究中硅烷比例是最少的,但是 SiH_3^+ 密度却是最高的,其大小约为 1.4×10^{10} cm^{-3}, N_2^+ 和 NH_3^+ 密度相对较低。这是由于氮气和氨气的能量阈值较大(如氮气的为 15.6 eV),意味着当电子能量超过 15.6 eV 时氮气才能发生电离,进而产生 N_2^+。

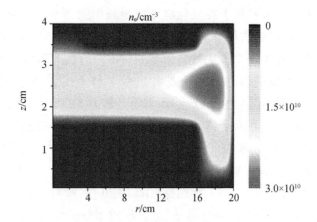

图 4.8　电子密度的空间分布

注:图中 $\alpha = 11:8$，$\beta = 11:1$，$\gamma = 11:8:1$，$f = 13.56$ MHz，$T_{gas} = 400$ K，$P_{tot} = 1.5$ Torr，$V_0 = 60$ V。

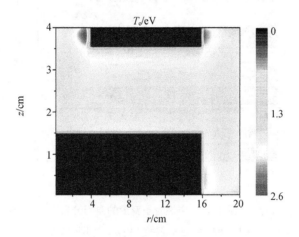

图 4.9　电子温度的空间分布

注:图中 $\alpha = 11:8$，$\beta = 11:1$，$\gamma = 11:8:1$，$f = 13.56$ MHz，$T_{gas} = 400$ K，$P_{tot} = 1.5$ Torr，$V_0 = 60$ V。

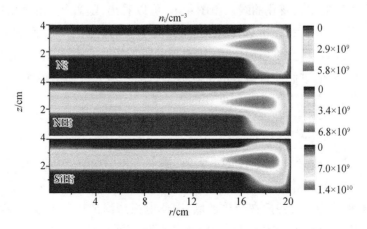

图 4.10　正离子密度的空间分布

注:图中 $\alpha = 11:8$，$\beta = 11:1$，$\gamma = 11:8:1$，$f = 13.56$ MHz，$T_{gas} = 400$ K，$P_{tot} = 1.5$ Torr，$V_0 = 60$ V。

　　与离子相比,中性自由基粒子在氮化硅薄膜生长中起着至关重要的作用。因此,与氮化硅薄膜沉积速率密切相关的粒子主要有 $HSi(NH_2)$ 和 $H_2Si(NH_2)$,这两种粒子是黏性自由基,它们的黏附系数为 0.05。非黏性自由基如 (NH_2) 的黏附系数为 0。这两种自由基粒子数密度的空间分布如图 4.11 所示。从图 4.11 中可以看出,非黏性自由基 (NH_2) 在电极边界处粒子密度较高,而黏性自由基粒子 $HSi(NH_2)$ 和 $H_2Si(NH_2)$ 在等离子体区密度较高,说明随着黏着系数的增加,等离子体的放电区域从电极边缘处逐渐向两电极中心处移动。此外,由于我们考虑了自由基粒子与器壁之间的反应,因此器壁附近的 $HSi(NH_2)$ 和 $H_2Si(NH_2)$ 密度较小。需要注意的是,在等离子体中,$HSi(NH_2)$ 和 $H_2Si(NH_2)$ 的密度分别为 $3.6 \times 10^{14} \ cm^{-3}$ 和 $2.6 \times 10^{14} \ cm^{-3}$,大约是 NH_2 的 20 倍,这意味着氨基硅烷自由基是氮化硅沉积的主要前驱体。这一结论与参考文献[2]的质谱分析结果一致。

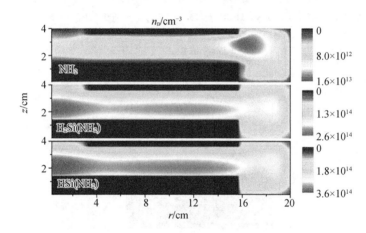

图 4.11　中性粒子密度的空间分布

注:图中 $\alpha = 11:8, \beta = 11:1, \gamma = 11:8:1, f = 13.56 \ MHz, T_{gas} = 400 \ K, P_{tot} = 1.5 \ Torr, V_0 = 60 \ V$。

　　在等离子体沉积过程中,气压是最容易控制的参数之一。在图 4.12 中,我们给出了不同气压下电子密度的空间变化曲线。由图 4.12 可以看出,随着气压的增加,电子密度明显增加。这是由于气压越大,碰撞频率越高。因此,电子与背景中性之间的碰撞变得更加频繁,最终使得更多的电子发生碰撞电离,从而产生较高的电子密度,电子密度的增加使得整个等离子体密度增加,进而使得薄膜的沉积速率将随之增大。为了说明等离子体均匀性随工艺参数的变化,我们引入了非均匀度 α 的表达式:

$$\alpha = \frac{N_{max} - N_{min}}{2N_{av}} \times 100\%$$

式中,N_{max}、N_{min}、N_{av} 分别为电子密度的最大值、最小值和平均值。从图 4.12 中可以看出,当气体压力 $P = 1.0 \ Torr$ 时,底部电极上的电子密度均匀性较差。这是由于当气体压力 $P = 1.0 \ Torr$ 时,射频功率主要耗散在开放区域,因此电极边缘的电子密度突然增加,导致均匀性较差。随着压力的增大,非均匀度 α 由 34.4% 降低到 7.7%。这证明了气压可以有效地改善薄膜均匀性。

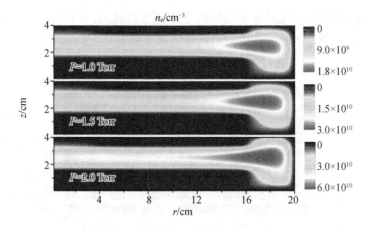

图 4.12　气压对电子密度的影响

注:图中 $\alpha = 11:8$, $\beta = 11:1$, $\gamma = 11:8:1$, $f = 13.56$ MHz, $T_{gas} = 400$ K, $V_0 = 60$ V。

对于氮化硅薄膜,其薄膜特性主要依赖于工艺气体的比例。因此,图 4.13 系统地研究了气体的组分比对电子密度的影响。从图 4.13 中可以看出,随着 P_{N_2}/P_{NH_3} 的增加,电子密度略微下降。这是由于 N₂ 和 NH₃ 的阈值能没有显著差异的事实。而当 P_{N_2}/P_{NH_3} 从 6:13 增加到 10:9 时,氢的含量下降了 40%,最终导致氢杂质的大量减少。因此,在目前的条件下,通过选择合适的工艺气体(N₂ 和 NH₃)的比例,可以明显降低氢杂质,而等离子体密度的降低幅度要小得多。

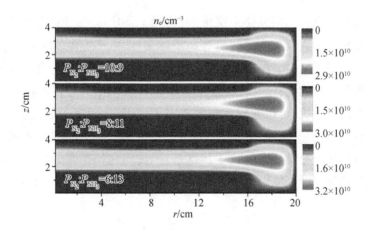

图 4.13　不同气压比对电子密度的影响

注:图中 $\beta = 11:1$, $f = 13.56$ MHz, $T_{gas} = 400$ K, $P_{tot} = 1.5$ Torr。

为了阐明 SiH₄/NH₃/N₂ 放电中极板间距对等离子体密度均匀性的影响,图 4.14 给出了不同极板间距下电子密度的空间变化曲线。由图 4.14 可以看出,在 $Z_2 - Z_1 = 1.5$ cm 处,在侧电极附近有一个明显的离轴峰,而在 $Z_2 - Z_1 = 3.0$ cm 处,电子密度分布为中心高。这是由于当放电间隙 $Z_2 - Z_1 = 1.5$ cm 时,射频源功率主要耗散在电极边界及电极与器壁的间隙中。因此,等离子体密度在电极边缘达到最高。当放电间隙 $Z_2 - Z_1 = 3.0$ cm 时,射频功率主要耗散在电极中间,因此极板中的等离子体密度较高,且比较均匀。因此,我们可以得出以下结论:通过控制放电间隙可以有效改善等离子体密度及薄膜的均匀性。

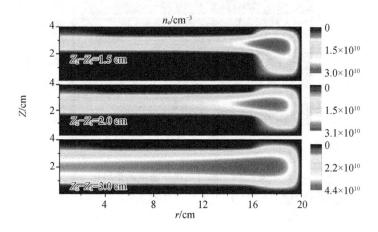

图 4.14   不同极板间距对电子密度的影响

注:图中 $\alpha = 11:8, \beta = 11:1, \gamma = 11:8:1, f = 13.56$ MHz, $T_{gas} = 400$ K, $P_{tot} = 1.5$ Torr, $V_0 = 60$ V。

4.4   本 章 小 结

本章通过建立一维及二维流体力学模型,研究了 $SiH_4/NH_3/N_2$ 放电的一些物理特性,重点考虑了脉冲放电参数及工艺参数对等离子体密度、电子温度、中性自由基粒子密度的影响。模拟结果很好地说明了脉冲放电的物理特性:在脉冲放电中,当电源关闭时,电负性等离子体中负离子可以逃离,这对材料处理是有益的。并且,在电压相同的条件下,适当地调整脉冲的放电的占空比,可以获得较高的等离子体密度,而离子的轰击极板能量大幅度降低。在二维模型中,研究发现:增加气压和极板间距可以提高等离子体密度,且等离子体密度的峰值从电极边界处逐步向等离子体区迁移,进而使得薄膜的均匀性提高。此外,本研究还发现通过控制混合气体组分比,可以有效地减少 H 含量,这对改善薄膜质量是至关重要的。

第二篇　低温大气压反应性气体放电

第5章 低温大气压等离子体物理基础

5.1 大气压等离子体物理简介

大气压等离子体按温度可分为大气压冷等离子体和大气压热等离子体。其中电弧放电为热等离子体,也称为大气压热平衡等离子体。而电晕放电、介质阻挡放电以及辉光放电都属于冷等离子体范畴,宏观温度只有几百开尔文,但电子温度在几个电子伏特的量级。本篇重点关注的是大气压冷等离子体,也称为大气压低温等离子体或大气压非平衡等离子体。

大气压等离子体由于在开放环境下产生,不需要使用复杂的真空设备,降低了设备运行成本,因此具有广阔的应用前景。特别是21世纪以来,大气压等离子体的研究飞速发展,逐步成为等离子体学科的一个重要的发展及研究方向。与低气压等离子体相比,随着气压的升高等离子体会产生如下新的特点:

(1)电子的加热机制从随机加热转变为欧姆加热;

(2)离子自由程变短,使得离子能量不断地减小;

(3)三体反应速率增加并产生新的化学活性物种,如臭氧;

(4)外加磁场对等离子体的约束作用越来越小;

(5)离子与中性粒子之间的碰撞频率增加,产生气动效应,即"离子风";

(6)离子与原子/分子的聚合反应生成分子离子;

(7)亚稳态的粒子对电离过程作用逐步增大;

(8)电子的损失由扩散过程转变为复合过程。

除此之外,随着气压的增高,会发生气体的击穿电压增大、气体温度升高、电子和活性粒子密度增加以及电子温度减小等现象。在大气压条件下,气体放电面临的稳定性问题,其中最常见的是热不稳定性。大气压放电中大部分电子都是在局域产生和损失的,局域电子密度的不稳定将导致局域气体温度升高,进而使得局域中性粒子密度减小,约化场强增加,局域电子温度升高,电离速率增加,电子密度进一步增大,最终导致等离子体向不稳定的状态发展。除热不稳定之外,级联电离主导的电离过程、准分子离子主导的复合过程,电负性分子引起的电子吸附过程等都会造成等离子体呈现出丝状或不稳定的放电形态。为此,近十几年来,研究人员提出了很多的解决方法,常用的方法主要包括以下两种:

(1)减小放电尺寸来提高电子复合速率和气体热扩散效率;

(2)提高气体流量或改变进气方式等。

5.2 大气压气体放电形式

大气压气体放电常见的形式有电弧放电、电晕放电、介质阻挡放电、等离子体射流以及辉光放电等。

5.2.1 电弧放电

电弧放电是典型的大气压热平衡等离子体,其特点是放电电压较低(一般为几十伏),但放电电流密度大、气体温度高、光辐射强。电弧放电多应用于焊接、冶金、高强度电光源、处理生化和有毒材料等需要高气体温度、高能量的工业领域,对于需要气体温度较低的应用场合不适用。

5.2.2 电晕放电

电晕放电是在气压较高时,由于两电极间电场分布极不均匀产生的一种放电方式。当在电极两端加上较高电压但未达到击穿电压时,如果电极表面附近的电场局部电场很强,则电极附近的气体介质会被局部击穿而产生电晕现象。电晕放电的产生条件为:气体压强较高,电场分布极不均匀,有几千伏乃至上万伏以上的电压加到电极上。当一个电极或两个电极的曲率半径很小时,就会形成不均匀的电场。细的尖端与尖端、尖端与平面、金属线与平面、金属线与同轴圆筒,以及两条平行金属线之间都会形成非常不均匀的电场,因此在这些电极之间都有可能形成电晕放电。

电晕放电中,由于电场的不均匀性,电极的几何结构起着非常重要的作用,这是因为主要的电离过程发生在局部电场很强的电极附近,特别是在曲率半径很小的电极附近的薄层中,气体发光较强的区域通常被称为电离区域,或称为电晕层。在这个区域之外,电场由于较弱,发生的解离、激发和电离都较弱,正、负离子和电子之间的迁移运动产生电流,为此电离区之外的区域称为外围区域或迁移区域。

电晕放电是一种自持放电,它不需要外加电离源来引发和维持放电。电晕放电的电流主要取决于加在两电极之间的电极的形状、电压大小、极板间距离以及气体的密度和性质。电晕放电的电压降取决于放电迁移区域的电导,而与外电路中的电阻无关。当迁移区域内存在单极性的空间电荷时,它阻碍着放电电流的通过,此时电晕放电的压降主要落在迁移区域上。

当两电极间的电位差逐渐增大时,将会发生非自持放电,此时的电流较小,电流的大小主要取决于剩余电离。当电压增加到一定数值时,发光将从非自持放电转变为自持放电,此时电晕放电就开始了。此时的电压值称为起晕电压或电晕放电的闭值电压,主要表现为极板间电流突然增大($10^{-14} \sim 10^{-6}$ A)及在曲率半径较小的电极处有朦胧的辉光产生。如果继续增大电压,电流将进一步增大,发光层的亮度和厚度同时也都增大。当外加电压继续增大到比闭值电压高很多时,电晕放电将转化为火花放电——发生火花的击穿。

电晕放电的分类有很多种,例如按射频源电压分类,可将其分为直流电晕、交流电晕以及高频电晕放电。按曲率半径小的电极的极性,可将其分为正电晕、负电晕。如果在小曲率半径的电极上施加正电压,则产生的电晕称为正电晕,反之称为负电晕。按出现电晕电极的数目分类,电晕放电则可以分为单极电晕、双极电晕和多极电晕。

图5.1给出了典型的电晕放电发生装置——针板结构。在针上施加电压后会在距离针零点几毫米处产生电晕放电,放电产生的电子和离子向下方的平面电极迁移运动。可见,电晕放电产生的等离子体区域非常有限,仅在针尖与平板电极之间,这在一定程度上限制了电晕放电的应用。

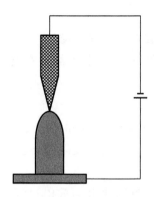

图5.1 针板结构的电晕放电装置示意图

为了对这种传统的单针板电极进行改善,学者们进行了不同的尝试,研制出了线筒、多针板、线板和喷嘴等电极结构。Chapman等让气流在垂直针尖的方向上流动起来,流速最大达到了400 m/s,气压范围为16～200 kPa,研究发现在高流速下放电的电流与电压之间变化呈线性关系。Chalmers等研究发现,电流脉冲的波形与气流无关。有学者研究了将单针板放电阵列化,采用多针板放电以期得到大面积均匀等离子体。McKinney等和Davidson等研究了双针、七针和九针板放电,发现相邻的针板产生的空间电荷所带来的影响互不交迭。Jaworek和Krupa针对单针板电极研究了其放电的特性,结果表明对于垂直于电场的气流来讲,气体流速对放电影响较为明显,即使是在流速较低的情况下,放电电流与电压的特性曲线变化也特别明显。在单针板放电过程中,当电压不变且气流速度与离子飘移速度相当时,气流同样也影响着放电类型。

电晕放电因其放电较容易这一特点,因而在除尘方面具有很多实际的应用。由于工业的快速发展,运用了大量的煤和石油,导致了空气中的 SO_2 和 NO_x 含量大大增加,对生态环境造成了非常严重的污染。在近20年的研究过程中,人们发现电晕放电产生的激发态离子、高能电子以及O和OH等强氧化性自由基对气体污染具有显著的清洁作用。综合上面的研究结果发现电晕放电脱硫效果明显,脱硝相对困难。此外,电晕放电还可以在除尘净化中增加微粒的电荷量,然后用过滤或高压电场来促进微粒的捕集。总之,电晕放电在降解废气和去污除尘方面都有非常好的应用。与此同时,由于电晕放电自身存在的问题,例如直流电晕,放电范围过小、电流不大;脉冲电晕,能耗特别大。因此,电晕放电的应用也受到了一定的限制。

5.2.3 介质阻挡放电

介质阻挡放电(dielectric barrier discharge,DBD),指的是有绝缘介质插入放电空间的一种气体放电。介质阻挡放电普遍采用的工作条件为:气压 $10^4 \sim 10^5$ Pa,频率 50 Hz ~ 1 MHz。当电极上施加足够高的交流电压时,极板间的气体被击穿进而形成外观上较均匀且稳定的放电,该放电实际上是由大量细微的快脉冲放电通道(即微放电通道)构成的。它属于高气压下的非热平衡放电。在电极间插入介质可以防止在放电空间形成局部火花或弧光放电,从而能够在大气压下产生稳定的气体放电。介质阻挡放电的基本过程主要发生在微放电中。

了解微放电是了解介质阻挡放电的关键。表5.1 给出了介质阻挡放电中微放电的主要性质。在单个微放电过程中,一般把每个电流细丝在交流电压的一个周期内分成三个阶段:

(1)放电的形成;

(2)放电击穿后,气体间隙电荷或电流脉冲的输送;

(3)在微放电电流通道中分子、原子的激发以及化学反应的启动,即自由基和准分子的形成。

目前,许多研究人员针对介质阻挡放电的放电过程和性质进行了大量的理论模拟。DBD 的形式主要取决于气体的压强、气体的组成、放电的频率、放电的构型以及电场的极性。

表 5.1 介质阻挡放电中微放电的主要性质

	参量名称	数值
1	气体压强	约为 10^5 Pa
2	电场强度	0.1 ~ 100 kV/cm
3	折合电场强度	100 ~ 200 Td(* *)
4	微放电寿命	1 ~ 10 ns
5	微放电电流通道半径	0.1 ~ 0.2 mm
6	每个微放电中输送的电荷量	$100 \sim 1\,000 \times 10^{-12}$ C
7	电流密度	100 ~ 1 000 A/cm^2
8	电子密度	$10^{14} \sim 10^{15}$ cm^{-3}
9	电子平均温度	1 ~ 10 eV
10	电离度	约为 10^{-4}
11	周围气体温度	约为 300 K

一般情况下 DBD 分为三种结构：

1. 体放电（volume DBD）

此类 DBD 放电最常见，击穿电压通常由放电间隙、气体种类和流速有关，平行板式放电间距易调节（图 5.2）。

2. 表面放电（surface DBD）

其典型结构是线状或梳状放电电极在介质表面一侧，很大的平面诱导电极置于介质的另一面，放电在线状电极附近紧贴表面的空间进行，如图 5.3 所示，其击穿电压为帕型定律条件的最小值，放电间距通常固定。

3. 共面放电（Coplanar DBD）

电极置于介质的同一层，可以有若干对，放电发生在介质的另一侧，如图 5.4 所示。其电极间距也固定，除了具备一般 DBD 放电特性（大气压、低温放电）外，共面式 DBD 还具有如下特性：放电沿表面扩展，电极不与放电气体直接接触，易实现低功率消耗、高能量密度和大面积放电等特性，为此易于产生大气压辉光放电。与此同时共面式 DBD 对平面处理材料厚薄不限，但需较高的击穿电压，因此目前人们对前两种放电形式的研究较多。

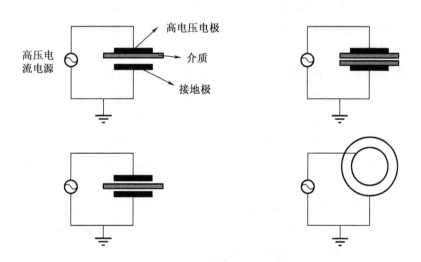

图 5.2　体放电的四种典型电极结构

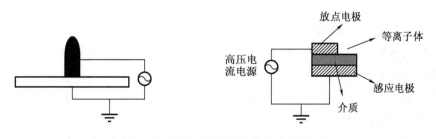

图 5.3　面放电的两种典型电极结构

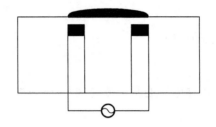

图 5.4 共面放电的典型电极结构

介质阻挡放电是典型的非平衡放电,可在大气压下进行,因此无须真空系统。这对工业化应用具有非常明显的优势,可以减少设备的投资,简化工艺。介质阻挡放电等离子体在材料表面处理、刻蚀、薄膜沉积、臭氧生成、杀菌消毒、化学合成、纤维改性、废气处理、新型光源以及显示器等方面具有非常重要的应用。

5.2.4 等离子体射流

一般对于传统放电,当外加电场足够强时放电电极间就会形成等离子体。2004 年,Chirokov 等及 Laroussi 等研究发现,大气压下,当电场强度达到 30 kV/cm 时才会击穿空气,因此电极间隙一般只有几毫米。当采取直接处理的方式时,窄的放电间隙大大限制了被处理物的尺寸,与此同时被处理物的形状也将对放电产生重要影响。当采取间接处理的方式时,如果将被处理物放在放电间隙旁,在到达作用区域之前,短寿命的带电粒子与活性物质有可能就已经消失了。

为了克服上述不利因素,研究人员利用电场和气流之间的相互作用使得等离子体在外界气体环境下由管口中喷出,向被处理物推进,进而产成等离子体射流。这种方法一方面实现了作用区域和放电区域的分离,另一方面又保证了大部分的活性粒子能够到达被处理物表面,进而解决了传统放电的弊端。例如日本的 Koinuma 等在射频源驱动下(13.56 MHz),用直径 1 mm 的针电极(阴极),柱电极(阳极)和放置于其中的石英管组成的装置首次获得了大气压氦气等离子体射流,如图 5.5 所示。此外,1998 年美国的 Hicks 小组采用同轴电极的方式,工作气体为氧气(0.4%)和氦气的混合气体,成功得到了气体温度在 115 ~ 350 ℃的大气压等离子体射流。与传统放电相比,大气压等离子体射流由于具有明显的优势,因此成为近年来最热门的研究方向之一。

5.2.5 辉光放电

产生辉光放电的主要机理是发生电子雪崩。电子雪崩是由于反应气体中存在的本底电离或某种电离源所产生的种子电子在电场中向阳极方向飞行,并与分子频繁碰撞,其中一些碰撞导致分子的电离,得到一个正离子和一个电子。新电子和原有电子一起,在电场加速下继续前进,又会引起分子的电离,电子数目便雪崩式增长。在射频辉光放电中(1 MHz ~ 100 MHz,一般采取 13.56 MHz),一般采用外加电压的变化周期小于消电离和电离所需时间(10^{-6} s),此时等离子体浓度还未变化,外加电压极性的改变只会引起带电粒子加速度方向的变化,进而使得电子在放电空间来回往复运动,增加了电子与气体分子碰撞的次数,使得电离能力显著提高,击穿电压明显下降,因此射频放电比直流条件下更易自持。由于射频放电是通过电子在放电空间往复运动进而发生碰撞电离引起的,也就是电极上的 α 放电过程,即二次电子发射变得不重要,因此电极可以放在放电室外面,其装置如图5.6所示。

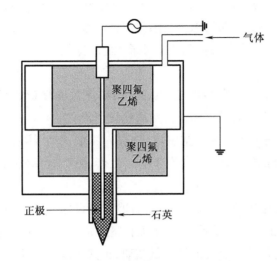

图5.5 大气压微等离子体射流装置

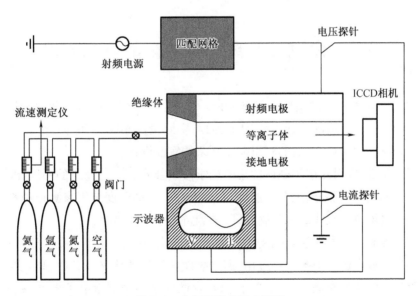

图5.6 大气压辉光放电装置

大气压下产生大体积辉光放电等离子体的困难,主要是由于辉光放电会向弧光放电转变。其根本原因在于,大气压放电的维持电压很高,进而导致阴极位降和阴极附近电场强度很大,能量密度也非常高。获得大气压辉光放电的技术关键是,使电极附近的电流密度小于临界值,从而抑制辉光放电向弧光放电的过渡。通过设计一些特殊的电极结构和加入一些惰性气体如氩气和氦气等,可以实现等离子体表面改性与大气压辉光放电的产生这一目标。

利用大气压等离子体对材料表面进行改性有着高效、无污染、节能等优点。还可以利用大气压等离子体进行杀菌消毒,等离子体消毒具有很多传统消毒方法无法比拟的优点,具有作用温度低接近室温、对物品损伤小、杀菌效率高、不产生有毒物质、无残留等特点。可以说,低温等离子体已与现在高新技术的发展紧密联系在一起,因而对低温等离子体物理和其应用技术的研究也变得尤为重要。然而,目前所用的低温等离子体大部分都是由低气压辉光放电产生的,但对于大规模的工业生产而言,低气压等离子体存在以下两个突出的缺点:

(1)由于放电和反应室都处于低气压状态,需要庞大而复杂的真空系统和相应设备。而工业化的真空系统所需要的投资和运行费用比较昂贵。

(2)在工业应用中需不断打开真空室取出成品,添加试品,然后重新抽真空,充入工作气体。因此只能采取分批处理的方式,难于连续生产,生产效率较低。这一条是企业比较难以接受的致命缺点。

在大气压下产生低温等离子体一直是人们追求的目标。最近用大气压等离子体剥离光刻胶、制作无汞大气压荧光灯等研究已在实验室中成功地完成。随着研究的不断深入,大气压等离子体在各个领域的应用前景日益凸现,正如美国等人所预言的只要不需要长的平均自由程,任何低气压辉光放电所能完成的任务都可以由均匀大气压等离子体来实现。

5.3 大气压等离子体放电的研究方法

对于大气压等离子体的实验室诊断,在较小尺寸中不可避免地会受到干扰,测量得到的电流曲线由于缺乏合适的碰撞探针理论,而与实际情况相距甚远,因此需广泛运用光学诊断。另外,对空间和时间参数的测量需要复杂的实验设备。

考虑到简便性,发射光谱学是最常用的光学诊断技术。发射光线的强度比率被用来测量电子温度,分裂和加宽来确定电子温度和电场,分子转动温度被用来测量中性气体温度。吸收光谱学通过测量吸收线的多普勒轮廓,来测量中性气体温度。

激光诱导诊断学比发射吸收光谱学更加复杂,但是在最近几年广受关注。尽管此技术在低气压大尺寸放电研究中被成功应用,但是表面碰撞导致熄灭及分散辐射使得激光诱导在高气压等离子体领域充满挑战。然而,汤姆森散射被用来测量电子密度,激光吸收来确定亚稳态成分,激光诱导荧光来决定放电里的表面电荷,两个光子分光镜来测量原子团。

考虑到实验上的难度,计算机模拟为研究低温等离子体提供了一个有效的方法。流体或流体力学、PIC 粒子模拟、混合模型是低温等离子体模拟中常用的模型。流体模型通过求解波尔兹曼矩方程来处理多种粒子,能处理大量的反应且计算效率较高。在流体模型中,假设电子能量满足麦克斯韦分布,电子能量的值能从局域场中得到。这个假设使得流体模型不能运用于非局域场动力学。

PIC 模拟克服了流体模型的限制。尽管如此,其耗时较长。在粒子模拟中往往会考虑较少的粒子种类,简单的化学性,非热动力学效应。而且粒子模拟需要解决所有粒子的碰撞频率,因此高压放电需要很小的时间步长。较慢的粒子扩散和较小的时间步长会使得粒子模拟成为一个很大的困难。

为了尝试克服流体模型的限制,混合模型利用了两种方法的优点。使得这种模拟技术可以在一种模拟中整合多种物理过程。

低温等离子体的计算工作对该领域有巨大作用。尽管计算模型基本上变化不大,高气压放电的计算机模拟比低气压更有挑战性。因为在放电过程中,有较高的碰撞,较小的时间步长,更多的种类二聚物,更多的碰撞过程如逐步离子化和三体碰撞,同时流体力学和热效应等必须被考虑进去。

5.4　本 章 小 结

低温大气压等离子体放电中电子、离子与中性粒子的碰撞频率非常高,导致等离子体密度和温度等参数稍有涨落就会引起放电的不稳定。因此,人们主要采用放电尺度为微米至毫米量级的大气压微等离子体放电工艺,以期望在大气压条件下产生稳定的非平衡等离子体,来形成一个高质量的薄膜制备环境。微等离子体放电处于非平衡态,驱动源的能量主要耦合在电子上,能量不会额外地加热离子,因此对薄膜沉积工艺来说效率会大幅提高。而且,微等离子体放电可以达到更高的功率密度($100\ \text{kW/cm}^3$),比常规低气压等离子体功率密度高出 $1\sim2$ 个数量级,等离子体密度更是会高出 $2\sim3$ 个数量级,而气体温度较低,非常有利于薄膜沉积。

大气压微等离子放电对薄膜沉积工艺来说又是一项重要的基础研究。大气压微放电中存在多种放电模式(α 放电、γ 放电、辉光放电、丝状放电和伪辉光放电等),当等离子体工艺参数发生改变时,放电模式将发生转换。模式转换不仅影响着等离子体的状态参数变化,更重要的是还影响到实际的工艺过程。特别是在等离子体薄膜沉积工艺中,当放电处于 α 模式时,等离子体密度较低,但是稳定性好,γ 模式下等离子体密度较高,但是不够稳定。为了提高薄膜的沉积速率,通常是通过提高射频功率,使放电过程维持在 γ 模式状态下。然而过高的射频功率,将增加工艺的成本且使得放电不稳定。因此,如果对大气压微等离子体放电进行深入的研究,选择合适的放电参数范围,使得放电过程恰处于 γ 模式向 α 模式转换的开始阶段,这样既可以在较低的放电功率下得到较高的沉积速率,又可以提高放电的稳定性。

综上,利用大气压等离子体加工技术沉积氢化非晶碳薄膜的研究不仅有重要的基础研究价值,而且具有重要的应用前景。

第6章　大气压乙炔微等离子体放电

6.1　引　言

在第 2 章中我们研究了硅薄膜中尘埃颗粒的形成机制,但在其他薄膜中尘埃颗粒的形成机制是怎样的还不是很清楚,特别是最近几年由于氢化非晶碳薄膜的快速发展,人们开始对碳薄膜中的纳米颗粒产生了极大的兴趣。

乙炔气体已经广泛地应用于工业制备氢化无定形碳薄膜中,其还可与其他气体(如氮气)产生碳纳米管,但人们对乙炔放电还知之甚少。相对于硅烷气体来说,乙炔放电更复杂,化学反应种类更多,更重要的是乙炔气体碳原子之间是三键结合,更容易断裂形成新的粒子。这使得尘埃颗粒形成的化学反应通道更加复杂,研究其形成机制有着更为重要的意义。本章将主要研究乙炔气体放电中各种粒子密度分布,分析正、负离子和自由基粒子在尘埃颗粒形成过程中的所发挥的作用。更为重要的是,我们还探讨了中性气体流场的传热和流动对等离子体中尘埃颗粒密度及等离子体温度的影响。乙炔放电过程中涉及的反应粒子 52 个,而化学反应 300 多个。因此,流体力学模拟成为研究其形成机制的重要手段。

最近几年,随着微电子工业及薄膜沉积技术的迅速发展,研究人员针对乙炔气体放电中纳米颗粒的形成过程和尘埃等离子体的特性开展了大量的理论研究、数值模拟和实验诊断。Doyle 等提出了一种简单的反应机制来说明 C_4H_2 和 C_6H_2 的产生及薄膜沉积过程,其中大多数的反应率系数都是通过实验测量得到的,其研究表明薄膜的生长主要受自由基(如 C_4H_3、C_6H_3 和 C_2H)的影响。然而,他们重点关注的是中性气体间的化学反应,并且假设了离子在等离子体化学反应中是可以忽略不计的。随后,Herrebout 等建立了一维的流体力学模型,研究了射频乙炔放电过程中小物种粒子的基本反应机理,而忽略了电子和乙炔气体间的附着反应,进而负离子与背景气体间分子链反应未涉及。因此,他们的研究工作可以说仅对尘埃颗粒形成机制进行了初步的研究。最近,Stoykov 等建立了零维化学动力学团簇模型,该模型考虑了多达十个碳原子的环状烃分子,考虑了分子链反应。然而该模型虽然考虑了大量的化学反应,例如电子附着、中和甚至放电壁的扩散损失,但未考虑碳氢化合物团簇的作用,并且假定了 $C_4H_2^+$ 离子密度是恒值,以提供恒定的电离度。2006 年,Bleecker 等利用自洽的流体力学模型研究了射频容性耦合乙炔放电中尘埃颗粒的形成过程,指出尘埃颗粒形成的初始粒子,研究了 40 多种粒子,300 多了化学反应、探讨了尘埃颗粒的充电过程及输运过程。特别是,毛明等人的研究工作,他们研究发现 Bleecker 等模拟的结果与实验测量结果不太相符,进而根据实验分析,假定电子与乙炔气体间的碰撞不仅会

产生 C_2H^-，还产生 H_2CC^- 离子，而且 H_2CC^- 离子会占绝大部分。在此基础上进行数值模拟，模拟结果与实验对比发现符合得很好。这是目前为止一个较为详细的描述乙炔放电中尘埃颗粒生长机制的研究工作。我们就是在此基础上，针对射频乙炔等离子体放电中纳米粒子形成及生长机制进行的研究，考虑了中性气体的流动和传热方程，建立了一套完整的描述尘埃粒子、等离子体和背景气体及其相互作用的一维模型，并结合实际的实验室和工业装置对尘埃等离子体的形成及生长进行系统的研究。为什么要强调中性气体的流动和传热方以及尘埃颗粒的生长阶段也就是凝聚过程，这是由于：

一方面，背景气体对等离子体和尘埃粒子有很强的作用。目前的绝大部分理论工作都认为背景气体流场是固定的，但实际上中性气体的流动过程是尘埃粒子的主要损失机制，如果认为背景气体流场是不动的，尘埃粒子只有气相过程的产生过程而没有损失过程。因此这些理论模拟是无法到达稳态，与真实的放电过程有一定出入，结果是不可靠的。因此，本研究考虑了中性气体的流动和传热方程。

另一方面，尘埃粒子和等离子体之间存在很强的耦合。以尘埃粒子的凝聚阶段为例，虽然其持续时间仅仅几秒，尘埃粒子的尺寸和密度却会演化数个量级（粒子尺寸从几纳米生长至几十纳米，粒子密度下降几个量级），等离子体状态参数如电子密度、离子密度及电子温度等在此阶段后也呈现出明显的变化。也就是说，在凝聚阶段等离子体状态变化严重影响着尘埃粒子的产生，而由于尘埃粒子表面累积电荷，电荷又反过来影响等离子体的性质。就目前公开发表的工作中，绝大多数研究仅考虑等离子体对尘埃粒子，或尘埃粒子对等离子体的单方面作用，并未考虑等离子体和尘埃粒子间的双向耦合过程。这个过程将是复杂而有意义的。

当前，C_2H_2 放电已成为薄膜沉积工艺的研究热点，然而针对 C_2H_2 放电的基础研究却是最近几年才开始的。特别是在 2012 年，两组实验物理学家利用先进的诊断手段给出了 C_2H_2 放电中尘埃颗粒形成的过程，相应的理论研究工作也因此亟待展开。

6.2　模　型　描　述

6.2.1　化学反应

本研究拟利用一套完整的、自洽的、相互耦合的模型来描述尘埃粒子、等离子体和背景气体间相互作用。其基本方法是利用流体力学模型分别描述电子、正负离子、自由基粒子、中性气体分子和尘埃粒子，即分别求解动理学方程的前三阶矩方程（连续性方程、动量方程和能量方程），并结合背景气体流动和传热方程及泊松方程，自洽地给出该体系的性质。

C_2H_2 气体属于化学活性气体，在放电过程中会产生各种离子与自由基团，如 $C_2H_2^+$、C_2H^+、C_2H^-、H_2CC^-、C_4H^-、CH、CH_2 等，这些离子与自由基团之间又会发生一系列化学反应，使得 C_2H_2 气体放电过程中的化学反应异常复杂，化学反应方程式 300 余种。表 6.1 列出了本章所考虑的所有粒子，包括电子共 56 种。背景气体与电子间的化学反应及能量阈值详见表6.2。关于电子的各种反应系数是通过电子的能量方程求得的,由于乙炔气体中各种反应粒子及化学反应非常复杂,我们采用的流体力学模拟,电子的能量分布是通过两项近似求得的,而两项近似所需要的反应截面由图6.1给出。

表6.1　流体方程中考虑的所有粒子

中性气体	带电离子	自由基团
C_2H_2,H_2,Ar	$C_2H_2^+$,C_2H^+,H_2^+,e^-	CH_2,H
Ar^*,C_4H_2,C_6H_2	CH^+,C_2^+,C^+,Ar^+,ArH^+	CH,C_2H
C_8H_2,$C_{10}H_2$	H^+,$C_4H_2^+$,$C_6H_2^+$,$C_8H_2^+$,C_4H^+	C_4H,C_6H
$C_{12}H_2$,$C_6H_2^*$	C_6H^+,C_8H^+,$C_6H_4^+$,H_2CC^-	$C_{10}H$
$C_{10}H_2^*$,$C_8H_2^*$	C_2H^-,C_4H^-,C_6H^-,$C_6H_2^-$	$C_{12}H$
C,C_2,C_2H_4	C_8H^-,$C_{10}H^-$,$C_{12}H^-$,$C_4H_2^-$,$C_8H_2^-$	C_8H
C_4H_4,C_6H_4	$C_8H_6^+$,$C_{10}H_6^+$,$C_{12}H_6^+$	

表6.2　$e-C_2H_2$ 反应及相应的能量阈值

	反应方程式	阈值能量/eV	反应类型
1	$C_2H_2 + e^- \longrightarrow C_2H_2^+ + 2e^-$	11.4	电离
2	$C_2H_2 + e^- \longrightarrow C_2H^+ + H + 2e^-$	16.5	分解电离
3	$C_2H_2 + e^- \longrightarrow C_2^+ + H_2 + 2e^-$	17.5	分解电离
4	$C_2H_2 + e^- \longrightarrow CH^+ + CH + 2e^-$	20.6	分解电离
5	$C_2H_2 + e^- \longrightarrow C^+ + CH_2 + 2e^-$	20.3	分解电离
6	$C_2H_2 + e^- \longrightarrow H^+ + C_2H + 2e^-$	18.4	分解电离
7	$C_2H_2^{(0)} + e^- \longrightarrow C_2H_2^{(v=1)} + e^-$	0.09	振动激发
8	$C_2H_2^{(0)} + e^- \longrightarrow C_2H_2^{(v=2)} + e^-$	0.29	振动激发
9	$C_2H_2^{(0)} + e^- \longrightarrow C_2H_2^{(v=3)} + e^-$	0.41	振动激发
10	$C_2H_2 + e^- \longrightarrow C_2H + H + e^-$	7.5	解离
11	$C_2H_2 + e^- \longrightarrow C_2H^- + H$	2.74	解离附着
12	$H_2 + e^- \longrightarrow H_2^+ + 2e^-$	15.4	电离
13	$H_2^{(0)} + e^- \longrightarrow H_2^{(v=1)} + e^-$	0.54	振动激发
14	$H_2^{(0)} + e^- \longrightarrow H_2^{(v=2)} + e^-$	1.08	振动激发
15	$H_2^{(0)} + e^- \longrightarrow H_2^{(v=3)} + e^-$	1.62	振动激发
16	$H_2 + e^- \longrightarrow H + H + e^-$	8.9	解离
17	$C_4H_2 + e^- \longrightarrow C_4H + H + e^-$	7.5	解离
18	$C_6H_2 + e^- \longrightarrow C_6H + H + e^-$	7.5	解离

表 6.2(续)

	反应方程式	阈值能量/eV	反应类型
19	$C_8H_2 + e^- \longrightarrow C_8H + H + e^-$	7.5	解离
20	$C_{10}H_2 + e^- \longrightarrow C_{10}H + H + e^-$	7.5	解离
21	$C_{12}H_2 + e^- \longrightarrow C_{12}H + H + e^-$	7.5	解离
22	$C_4H_2 + e^- \longrightarrow C_4H_2^+ + 2e^-$	10.19	电离
23	$C_6H_2 + e^- \longrightarrow C_6H_2^+ + 2e^-$	9.55	电离
24	$C_2H_2 + e^- \longrightarrow H_2CC^-$	2.74	附着
25	$C_4H_2 + e^- \longrightarrow C_4H^- + H$	1.94	解离附着
26	$C_6H_2 + e^- \longrightarrow C_6H^- + H$	2.74	解离附着
27	$C_8H_2 + e^- \longrightarrow C_8H^- + H$	2.74	解离附着
28	$C_{10}H_2 + e^- \longrightarrow C_{10}H^- + H$	2.74	解离附着
29	$C_6H_2^* + e^- \longrightarrow C_6H^- + H$	2.74	解离附着
30	$C_8H_2^* + e^- \longrightarrow C_8H^- + H$	2.74	解离附着
31	$C_{10}H_2^* + e^- \longrightarrow C_{10}H^- + H$	2.74	解离附着
32	$C_2H_4 + e^- \longrightarrow C_2H_4^* + e^-$	0.12	振动激发
33	$C_2H_4 + e^- \longrightarrow C_2H_4^* + e^-$	0.39	振动激发
34	$C_2H_4 + e^- \longrightarrow C_2H_4^+ + 2e^-$	10.51	电离
35	$C_2H_4 + e^- \longrightarrow C_2H_2 + 2H + e^-$	5.8	解离

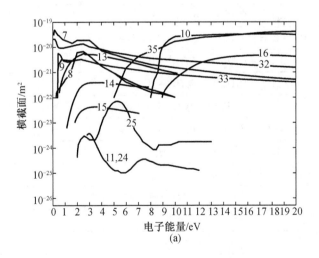

图 6.1　电子与 $C_{2n}H_2$ 及氢气碰撞的截面

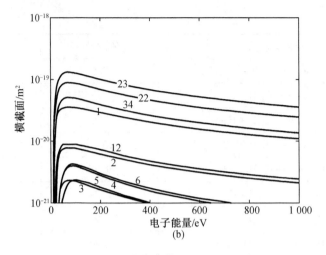

图 6.1(续)

注:图中数字 1,2,…对应着表 6.2 中的化学反应。

离子与离子,以及离子与中性气体间的化学反应及反应系数由参考文献[86]给出,详见表 6.3。在大气压下,反应性气体(如 C_2H_2)放电很容易不稳定,因此我们一般会增加一些惰性气体使其放电更加稳定,例如加入氦气和氩气等。表 6.4 给出了氩气和乙炔气体之间的反应及其反应系数。

表 6.3　模型中考虑的离子分子之间的反应

	反应	速率系数/(m^3/s)
	碳氢阴离子与 C_2H_2 的团簇生长	
1	$C_2H^- + C_2H_2 \longrightarrow C_4H^- + H_2$	1.0×10^{-18}
2	$C_4H^- + C_2H_2 \longrightarrow C_6H^- + H_2$	1.0×10^{-18}
3	$C_{2n}H^- + C_2H_2 \longrightarrow C_{2n+2}H^- + H_2 (n = 3-5)$	1.0×10^{-18}
4	$C_4H_2^- + C_2H_2 \longrightarrow C_6H_2^- + H_2$	1.0×10^{-18}
5	$C_6H_2^- + C_2H_2 \longrightarrow C_8H_2^- + H_2$	1.0×10^{-18}
	H_2CC^- 与 $C_{2n}H_2$ 的团簇生长	
6	$H_2CC^- + C_2H_2 \longrightarrow C_4H_2^- + H_2$	1.0×10^{-18}
7	$H_2CC^- + C_6H_2^* \longrightarrow C_8H_4^-$	1.0×10^{-17}
8	$H_2CC^- + C_8H_2^* \longrightarrow C_{10}H_4^-$	1.0×10^{-17}
	H^+ 与碳氢化合物之间的反应	
9	$H^+ + C_2 \longrightarrow C_2^+ + H$	3.1×10^{-15}
10	$H^+ + C_2H_4 \longrightarrow C_2H_4^+ + H$	1.0×10^{-15}
11	$H^+ + C_4H \longrightarrow C_4H^+ + H$	2.0×10^{-15}
12	$H^+ + C_6H \longrightarrow C_6H^+ + H$	2.0×10^{-15}
13	$H^+ + C_2H_2 \longrightarrow C_2H^+ + H_2$	4.3×10^{-15}
14	$H^+ + C_4H_2 \longrightarrow C_4H^+ + H_2$	2.0×10^{-15}

表6.3(续1)

	反应	速率系数/(m³/s)
15	$H^+ + C_8H \longrightarrow C_4H^+ + H$	2.0×10^{-15}
16	$H^+ + C_8H_2 \longrightarrow C_4H^+ + H_2$	2.0×10^{-15}
17	$H^+ + C_2H_4 \longrightarrow C_2H_3^+ + H_2$	3.0×10^{-15}
	H_2/H_2^+ 与碳氢化合物之间的反应	
18	$H_2^+ + H \longrightarrow H^+ + H_2$	6.4×10^{-16}
19	$H_2^+ + C_2H_2 \longrightarrow C_2H_2^+ + H_2$	5.3×10^{-15}
20	$H_2^+ + C_2H_4 \longrightarrow C_2H_4^+ + H_2$	2.2×10^{-15}
21	$H_2^+ + C_2H_4 \longrightarrow C_2H_2^+ + 2H_2$	8.8×10^{-16}
22	$H_2^+ + C_2H_4 \longrightarrow C_2H_3^+ + H + H_2$	1.8×10^{-15}
23	$H_2^+ + C_4H \longrightarrow C_4H_2^+ + H$	1.7×10^{-16}
24	$H_2 + C_8H^+ \longrightarrow C_8H_2^+ + H$	1.0×10^{-15}
25	$H_2 + C_2H^+ \longrightarrow C_2H_2^+ + H$	1.7×10^{-15}
	C_2H/C_2H^+ 与碳氢化合物之间的反应	
26	$C_2H + C_2H_4^+ \longrightarrow C_4H_3^+ + H_2$	5.0×10^{-16}
27	$C_2H + C_4H^+ \longrightarrow C_6H^+ + H$	6.0×10^{-16}
28	$C_2H + C_4H_2^+ \longrightarrow C_6H_2^+ + H$	1.3×10^{-15}
29	$C_2H + C_6H_2^+ \longrightarrow C_8H_2^+ + H$	1.2×10^{-15}
30	$C_2H^+ + C_2H_2 \longrightarrow C_4H_2^+ + H$	1.2×10^{-15}
31	$C_2H^+ + C_2H_4 \longrightarrow C_2H_2^+ + C_2H_3$	1.7×10^{-15}
	$C_2H_2/C_2H_2^+$ 与碳氢化合物之间的反应	
32	$C_2H_4 + C_2^+ \longrightarrow C_4H^+ + H$	1.7×10^{-15}
33	$C_2H_2 + C_2H^+ \longrightarrow C_4H_2^+ + H$	1.2×10^{-15}
34	$C_2H_2 + C_2H_3^+ \longrightarrow C_4H_3^+ + H_2$	2.4×10^{-16}
35	$C_2H_2 + C_2H_4^+ \longrightarrow C_4H_5^+ + H$	1.9×10^{-16}
36	$C_2H_2 + C_4H^+ \longrightarrow C_6H_2^+ + H$	1.5×10^{-15}
37	$C_2H_2 + C_4H_2^+ \longrightarrow C_6H_4^+$	1.4×10^{-15}
38	$C_2H_2 + C_2H_2^+ \longrightarrow C_4H_3^+ + H$	9.5×10^{-16}
39	$C_2H_2 + C_2H_2^+ \longrightarrow C_4H_2^+ + H_2$	1.2×10^{-15}
40	$C_2H_2 + C_6H_4^+ \longrightarrow C_8H_4^+$	1.0×10^{-16}
41	$C_2H_2 + C_8H_4^+ \longrightarrow C_{10}H_6^+$	1.0×10^{-16}
42	$C_2H_2 + C_8H_6^+ \longrightarrow C_{10}H_6^+ + H_2$	1.0×10^{-16}
43	$C_2H_2 + C_{10}H_6^+ \longrightarrow C_{12}H_6^+ + H_2$	1.0×10^{-16}
44	$C_2H_2 + C_6H_2^+ \longrightarrow C_8H_4^+$	1.0×10^{-17}
45	$C_2H_2 + C_6H_2^+ \longrightarrow C_8H_2^+ + H_2$	1.0×10^{-17}
46	$C_2H_2^+ + H_2 \longrightarrow C_2H_3^+ + H$	1.0×10^{-17}

表 6.3(续 2)

	反应	速率系数/(m³/s)
47	$C_2H_2^+ + C_6H_2 \longrightarrow C_8H_2^+ + H_2$	5.0×10^{-16}
48	$C_2H_2^+ + C_6H \longrightarrow C_8H_2^+ + H$	1.2×10^{-15}
49	$C_2H_2^+ + C_6H_2 \longrightarrow C_6H_2^+ + C_2H_2$	5.0×10^{-16}
50	$C_2H_2^+ + C_6H \longrightarrow C_8H^+ + H_2$	1.2×10^{-15}
	$C_2H_3/C_2H_3^+$ 与碳氢化合物之间的反应	
51	$C_2H_3 + C_2H_2^+ \longrightarrow C_4H_3^+ + H_2$	3.3×10^{-16}
52	$C_2H_3 + C_2H_4^+ \longrightarrow C_2H_5^+ + C_2H_2$	5.0×10^{-16}
53	$C_2H_3 + C_2H_4^+ \longrightarrow C_2H_3^+ + C_2H_4$	5.0×10^{-16}
54	$C_2H_3 + C_4H_2^+ \longrightarrow C_6H_4^+ + H$	1.2×10^{-15}
55	$C_2H_3 + C_4H_3^+ \longrightarrow C_6H_4^+ + H_2$	5.0×10^{-16}
56	$C_2H_3 + C_6H_2^+ \longrightarrow C_8H_4^+ + H$	4.0×10^{-16}
57	$C_2H_3^+ + H \longrightarrow C_2H_2^+ + H_2$	6.8×10^{-17}
58	$C_2H_3^+ + C_6H \longrightarrow C_8H_2^+ + H_2$	5.0×10^{-16}
59	$C_2H_3^+ + C_4H \longrightarrow C_6H_2^+ + H_2$	4.0×10^{-16}
60	$C_2H_3^+ + C_6H \longrightarrow C_6H_2^+ + C_2H_2$	5.0×10^{-16}
	$C_2H_4/C_2H_4^+$ 与碳氢化合物之间的反应	
61	$C_2H_4 + C^+ \longrightarrow C_2H_3^+ + CH$	8.5×10^{-17}
62	$C_2H_4 + C^+ \longrightarrow C_2H_4^+ + C$	1.7×10^{-17}
63	$C_2H_4 + C_2H_2^+ \longrightarrow C_2H_4^+ + C_2H_2$	4.1×10^{-16}
64	$C_2H_4 + C_2H_2^+ \longrightarrow C_4H_5^+ + H$	3.2×10^{-16}
65	$C_2H_4 + C_2H_3^+ \longrightarrow C_2H_5^+ + C_2H_2$	8.9×10^{-16}
66	$C_2H_4 + C_4H^+ \longrightarrow C_6H_4^+ + H$	7.5×10^{-16}
67	$C_2H_4 + C_4H^+ \longrightarrow C_4H_3^+ + C_2H_2$	7.5×10^{-16}
68	$C_2H_4 + C_4H_2^+ \longrightarrow C_6H_4^+ + H_2$	2.0×10^{-16}
69	$C_2H_4 + C_6H_2^+ \longrightarrow C_8H_4^+ + H_2$	1.0×10^{-15}
70	$C_2H_4^+ + C_4H \longrightarrow C_6H_4^+ + H$	2.5×10^{-16}
71	$C_2H_4^+ + C_4H \longrightarrow C_6H_4^+ + H$	2.5×10^{-16}
72	$C_2H_4^+ + C_6H \longrightarrow C_8H_4^+ + H$	2.5×10^{-16}
73	$C_2H_4^+ + C_6H_2 \longrightarrow C_8H_4^+ + H_2$	5.0×10^{-16}
	碳氢化合物之间的其他反应	
74	$C_2^+ + CH \longrightarrow CH^+ + C_2$	3.2×10^{-16}
75	$C_2^+ + H_2 \longrightarrow C_2H^+ + H$	1.1×10^{-15}
76	$C_4H^+ + C_4H \longrightarrow C_8H^+ + H$	6.0×10^{-16}
77	$C_4H^+ + C_4H_2 \longrightarrow C_8H_2^+ + H$	1.5×10^{-15}

表 6.3（续 3）

	反应	速率系数/（m^3/s）
	碳氢阴离子与 H^+、H_2^+、$C_nH_m^+$ 之间的中和反应	
78	$C_xH_y^+ + H^+ \longrightarrow C_xH_y + H\ (x=1,2;y=1,2,4)$	$\sim 3.0 \times 10^{-14}$
79	$C_xH_y^- + H_2^+ \longrightarrow C_xH_y + H + H$	$\sim 2.0 \times 10^{-13}$
80	$C_xH_y^- + C_mH_n^+ \longrightarrow C_xH_y + C_nH_m$	$\sim 5.0 \times 10^{-14}$

表 6.4　乙炔与氩气之间的反应

	反应	速率常数
1	$Ar^+ + C_2H_2 \longrightarrow C_2H_2^+ + Ar$	4.20×10^{-10}
2	$Ar^+ + C_4H_2 \longrightarrow C_4H_2^+ + Ar$	4.20×10^{-10}
3	$Ar^+ + H_2 \longrightarrow ArH^+ + H$	8.70×10^{-10}
4	$Ar^+ + H_2 \longrightarrow H_2^+ + Ar$	1.80×10^{-11}
5	$ArH^+ + C_2H_2 \longrightarrow C_2H_2^+ + H + Ar$	4.20×10^{-10}
6	$ArH^+ + H_2 \longrightarrow H_3^+ + Ar$	6.30×10^{-10}
7	$Ar^* + C_2H_2(C_4H_2) \longrightarrow C_2H_2^+(C_4H_2^+) + Ar + e^-$	0.90×10^{-10}
8	$Ar^* + C_2H_2(C_4H_2) \longrightarrow C_2H(C_4H) + Ar + H$	1.75×10^{-10}
9	$Ar^* + C_2H_2(C_4H_2) \longrightarrow C_2H_2(C_4H_2) + Ar$	2.65×10^{-10}
10	$Ar^* + H_2 \longrightarrow ArH^* + H$	1.10×10^{-10}
11	$Ar_m + Ar_m \longrightarrow Ar + Ar^+ + e^-$	6.20×10^{-10}
12	$Ar_m + Ar_m \longrightarrow 2Ar$	2.00×10^{-7}
13	$Ar_m + Ar_r \longrightarrow Ar + Ar^+ + e^-$	2.10×10^{-9}
14	$Ar(^4P) + Ar(^4P) \longrightarrow Ar + Ar^+ + e^-$	5.00×10^{-10}
15	$Ar_m + Ar \longrightarrow 2Ar$	2.10×10^{-15}
16	$Ar_r \longrightarrow Ar$	$1.00 \times 10^5\ s^{-1}$
17	$Ar(^4P) \longrightarrow Ar$	$3.20 \times 10^7\ s^{-1}$
18	$Ar(^4P) \longrightarrow Ar_m$	$3.00 \times 10^7\ s^{-1}$
19	$Ar(^4P) \longrightarrow Ar_r$	$3.00 \times 10^7\ s^{-1}$

6.2.2　尘埃颗粒的成核过程

大量的理论研究和实验测量结果表明，在低功率放电条件下，反应性气体放电中尘埃粒子形成的初始粒是分子量较大的负离子，这是由于负离子在电场的束缚下主要分布在等离子体区，它们很容易发生聚合反应。因此，首先需要结合等离子体模块，分析了尘埃粒子形成的所有可能的化学反应通道，确定粒子形成的初始粒子。根据这些反应通道，即可以确定通过成核过程生长出所有尘埃粒子的源项。在乙炔气体放电中，形成尘埃粒子的初始离子是 C_2H^- 及 H_2CC^-，这些负离子与乙炔分子可以进行负离子分子链反应，从而产生大的负离子团簇。

在乙炔等离子体放电中形成负离子团簇的一个简单模型是从分解附着反应开始的,即

$$e^- + C_2H_2 \longrightarrow C_2H^- + H \tag{6.1}$$

紧接着是进行一系列如下形式的插入反应:

$$C_2H^- + C_2H_2 \longrightarrow C_4H^- + H_2$$

$$C_{2n}H^- + C_2H_2 \longrightarrow C_{2n+2}H^- + H_2 \tag{6.2}$$

研究发现,通过表6.2中的背景气体解离附着反应也会产生负离子 $C_{2n}H^-$,可参见表中方程12至15。2008年,在毛明等的研究工作中还发现除了 C_2H^- 在尘埃颗粒形成过程中占重要位置外,H_2CC^- 对于尘埃颗粒形成也发挥着不可忽视的作用。因为通过乙炔气体解离附着不只产生 C_2H^-,还产生 H_2CC^-,而且几乎95%都是 H_2CC^-,而 C_2H^- 仅为5%。

$$e^- + C_2H_2 \longrightarrow H_2CC^- \tag{6.3}$$

而 H_2CC^- 又会与背景气体发生碰撞,进而产生大的负离子团簇,有

$$H_2CC^- + C_2H_2 \longrightarrow C_4H_2^- + H_2$$

$$C_{2n}H_2^- + C_2H_2 \longrightarrow C_{2n+2}H_2^- + H_2 \tag{6.4}$$

考虑到计算量的影响,本研究在 $n=6$ 时做了截断,也就是以 $C_{12}H^-$ 和 $C_{12}H_2^-$ 作为凝聚阶段尘埃颗粒形成的源项。

6.2.3　尘埃颗粒形成的凝聚阶段

凝聚过程是指两个小尺寸的尘埃颗粒通过碰撞附着在一起从而形成一个大尘埃颗粒的过程。我们采用气态动力学模型研究凝聚阶段物理过程。这种方法的基本思想是通过有限的分段近似描述连续的颗粒尺寸分布,这里我们假设每个部分的尺寸分布都是恒定的,尺寸分布是个随时间变化逐渐趋于稳态的函数,具体的计算过程可参见图6.2。这种分段模型的准确性及运算速度取决于所使用的分段数及守恒积分数值特性。电极间采用的是离散网格,分段模型代表在每个网格点的纳米粒子的粒径分布。分段部分是通过电荷来离散的。

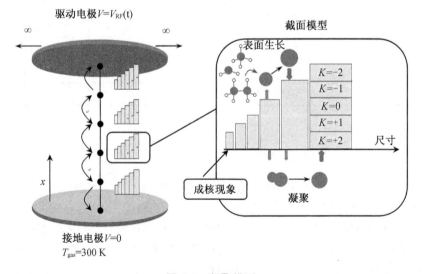

图6.2　凝聚模型

设 $n(v)$ 为体积在 v 及 $v+\mathrm{d}v$ 范围内的纳米颗粒数密度,则

$$\frac{\partial n(v)}{\partial t} = \frac{1}{2}\int_0^v \beta(u,v-u)n(u)n(v-u)\mathrm{d}u - \int_0^\infty \beta(u,v)n(u)n(v)\mathrm{d}u + J_0\delta(v-v_0)$$

(6.5)

式(6.5)中等号右面第一项代表体积为 v 的大颗粒的产生项,主要是通过体积为 u 和 $v-u$ 的两个颗粒间的碰撞产生,这里系数 $\frac{1}{2}$ 是由于进行了重复计算。等号右面第二项代表颗粒的损失项,是通过此粒子与其他粒子碰撞引起的。J_0 代表体积为 v_0 的纳米颗粒成核速率,当 $v=v_0$ 时,$\delta(v-v_0)=1$,当 $v\neq v_0$ 时,$\delta(v-v_0)=0$。$\beta(u,v)$ 是体积为 v 和 u 两个粒子间聚合频率,即

$$\beta(u,v)=\left(\frac{3}{4\pi}\right)^{1/6}\left(\frac{6k_\mathrm{B}T_\mathrm{gas}}{\rho_\mathrm{d}}\right)^{\frac{1}{2}}\left(\frac{1}{v}+\frac{1}{u}\right)^{\frac{1}{2}}\left(v^{\frac{1}{3}}+u^{\frac{1}{3}}\right)^2$$

(6.6)

式中 ρ_d ——尘埃颗粒的质量密度;

T_gas ——中性气体温度;

k_B ——波尔兹曼系数。

对于每个分段部分的平均粒子半径为

$$\langle r_\mathrm{i}\rangle = 3\left(\frac{3}{4\pi}\right)^{\frac{1}{3}}\left(\frac{v_{\mathrm{i,u}}^{\frac{1}{3}}-v_{\mathrm{i,l}}^{\frac{1}{3}}}{\ln(v_{\mathrm{i,u}}/v_{\mathrm{i,l}})}\right)$$

(6.7)

式中,$v_{\mathrm{i,u}}$、$v_{\mathrm{i,l}}$ 为每个分段部分体积上限和下限。

在本章的分段模型中,我们按体积的对数形式划为 38 部分,最大部分的体积为 6.84×10^4 nm^3,相对应的尘埃颗粒直径约为 50 nm。为了能够把凝聚过程和成核过程直接联系在一起,我们把成核过程产生的最大粒子密度作为尘埃颗粒凝聚过程的初始粒子。需要说明的是,我们假设尘埃颗粒是球形的,其质量密度为 2.0 $\mathrm{g/cm}^3$。

6.2.4 数值模型

本部分建立反应腔室中多物理、化学过程的非线性自洽耦合模型,采用流体力学方法模拟尘埃颗粒的形成和生长机制。在流体力学模型中,可以采用电子、离子及中性粒子的平衡方程及电子的能量方程来描述粒子的宏观运动状态。在一般情况下,这三个物理量可以由流体力学方程组,即连续性方程、动量平衡方程及能量平衡方程来确定。此外,对于带电离子系统,它们的运动状态还要受到射频电磁场的影响。因此,要完全确定带电粒子的运动状态,除了流体力学方程组外,还要与麦克斯韦方程组进行耦合。这是一个非常复杂的多场、多尺度耦合问题。

表 6.5 模拟中所有物理过程

	等离子体		中性气体	尘埃粒子
粒子种类	电子 e^-	$\mathrm{C_2H}^+$、$\mathrm{C_2H}^-$ 等 30 种正、负离子	$\mathrm{C_2H_2}$、$\mathrm{C_{2n+2}H}$、CH 等 16 种粒子	直径不同的 > 30 种尘埃粒子

表 6.5（续）

		等离子体	中性气体	尘埃粒子
连续性方程	产生项	电子与中性气体间电离等 10 种化学反应	电子与中性气体间电离、附着；离子与中性气体间化学反应等 >50 种反应	电子与中性气体间离解；自由基间化学反应；负离子吸附等 >100 种反应	最小尺寸粒子由成核阶段最大负离子团簇给出；大团簇离子由初始粒子生成
	损失项	电子附着与复合；尘埃粒子吸收	负离子吸附等 >15 种反应；尘埃粒子吸收	自由基之间的化学反应等	生成的粒子与更大尘埃粒子之间的碰撞（>30 种反应）
动量方程	受力	无（采用漂移扩散近似）	压力；电场力；与中性气体的黏滞力；离子拖曳力的反作用力等	不同组分间的黏滞力；与离子间的黏滞力；与尘埃粒子的拖曳力	电场力；离子拖曳力；重力；中性气体拖曳力；热泳力等
能量方程	正项	电场作用	压强与热传导项	压强与热传导项	无
	负项	非弹性碰撞	非弹性碰撞；离子间能量交换；与背景气体的摩擦；尘埃粒子的拖曳	不同基团粒子间能量交换；与离子的摩擦；尘埃粒子的拖曳	

对于实际的薄膜沉积工艺过程,在反应腔室中将存在着多物理、化学的非线性耦合过程以及各物理量呈现出不同的时间尺度和空间尺度变化。因此,我们将考虑 CCP 反应腔室中中性气体的流动与传热、等离子体的流动与传热、尘埃颗粒的形成与生长等物理化学过程及它们的相互耦合过程。模拟中考虑 52 种粒子以及对应的超过 300 种反应。每一种组分对应 3 个方程,即整个模拟需要联立求解约 1 000 多个耦合的方程,各组分之间的化学反应由一整套相互耦合的系数给出,系数全部由著名的 LXCAT 数据库直接给出（www. lxcat. net/）,或者由微分截面对速度空间积分给出。模拟中考虑的主要物理过程由表 6.3 给出,由于涉及的离子种类、化学反应、物理模型、方程求解都过于复杂,此处列出的仅为最基本的概念和方程。具体方案如下表所示:

对于电子的密度及通量,可由连续性方程及动量平衡方程来确定,即

$$\frac{\partial n_e}{\partial t} + \nabla \cdot \Gamma_e = S_e \tag{6.8}$$

$$\Gamma_e = -\mu_e n_e E - D_e \nabla \cdot n_e \tag{6.9}$$

由于电子的质量很小,可以略去动量方程中的惯性项,所以动量方程是采用漂移 – 扩散近似方法描述的。式(6.8)中的第一项代表电子在电场中的漂移项,第二项代表密度梯度引起的扩散项,μ_e、D_e 分别为电子的迁移率和扩散系数。n_e、Γ_e 为电子的密度及通量,S_e 表示由于电离而产生电子的源项与由于复合与附着反应而引起的电子的损失项的差。

最后,电子的温度可通过能量方程给出,即

$$\frac{\mathrm{d}}{\mathrm{d}t}\left(\frac{3}{2}n_\mathrm{e}T_\mathrm{e}\right) + \nabla \cdot \Gamma_\mathrm{w} = -e\Gamma_\mathrm{e} \cdot E + S_\mathrm{w} \tag{6.10}$$

式6.7中 Γ_w 为电子的能流密度,其表达式为

$$\Gamma_\mathrm{w} = \frac{5}{2}T_\mathrm{e}\Gamma_\mathrm{e} - \frac{5}{2}D_\mathrm{e}n_\mathrm{e}\,\nabla T_\mathrm{e} \tag{6.11}$$

式中 T_e ——电子温度;

S_w ——电子与中性气体间由于非弹性碰撞引起的能量损失项。

对于离子的方程,由于涉及的离子种类众多,为了方便求解,对离子的动量方程也采取漂移扩散近似方法求解,相应的离子平衡方程为

$$\frac{\partial n_\mathrm{i}}{\partial t} + \nabla \cdot \Gamma_\mathrm{i} = S_\mathrm{i} \tag{6.12}$$

$$\Gamma_\mathrm{i} = \pm\mu_\mathrm{i}n_\mathrm{i}E - D_\mathrm{i}\,\nabla n_\mathrm{i} \tag{6.13}$$

式中 n_i、Γ_i ——离子密度及通量;

S_i ——离子的产生项与由于离子间发生化学反应引起的损失项的差。

需要说明的是,式(6.13)中 ± 表示当求解正离子通量时, $\Gamma_\mathrm{i} = \mu_\mathrm{i}n_\mathrm{i}E - D_\mathrm{i}\,\nabla n_\mathrm{i}$,负离子 $\Gamma_\mathrm{i} = -\mu_\mathrm{i}n_\mathrm{i}E - D_\mathrm{i}\,\nabla n_\mathrm{i}$ 。式(6.13)是在假定带电粒子能够瞬时响应电场条件下得到的。然而,由于离子的质量远大于电子的质量,不能瞬时响应电场,如果采用瞬时电场对其求解将会产生较大误差。为了修正这一误差,需要引入有效电场对离子进行求解。这里有效电场考虑了由于小的输运频率引起的惯性影响,其表达式是通过忽略扩散输运,并在简化的动量方程中引入式 $\Gamma_\mathrm{i} = \pm\mu_\mathrm{i}n_\mathrm{i}E_{\mathrm{eff},\mathrm{i}}$ 得到的,简化的动量方程为

$$\frac{\partial \Gamma_\mathrm{i}}{\partial t} = \frac{en_\mathrm{i}}{m_\mathrm{i}}E - v_{m,\mathrm{i}}\Gamma_\mathrm{i} \tag{6.14}$$

式中, $v_{m,\mathrm{i}} = \dfrac{e}{m_\mathrm{i}\mu_\mathrm{i}}$ 为离子的动量输运频率。

把 $\Gamma_\mathrm{i} = \pm\mu_\mathrm{i}n_\mathrm{i}E_{\mathrm{eff},\mathrm{i}}$ 代入式(6.14)即可得有效电场的表达式,即

$$\frac{\partial E_{\mathrm{eff},\mathrm{i}}}{\partial t} = v_{m,\mathrm{i}}(E - E_{\mathrm{eff},\mathrm{i}}) \tag{6.15}$$

这样修正后的式(6.13)即为

$$\Gamma_\mathrm{i} = \pm\mu_\mathrm{i}n_\mathrm{i}E_{\mathrm{eff},\mathrm{i}} - D_\mathrm{i}\,\nabla n_\mathrm{i} \tag{6.16}$$

对于离子来说,由于假定了离子温度是常数,因此其能量方程未做计算。这是由于离子的温度变化对整个流体力学方程来说影响很小,可以忽略不计。这使得计算量大大减少,因为本研究中离子的种类及化学反应特别多;另一方面,能量方程的计算容易导致整个程序的不稳定,离子能量方程的忽略不计使得整个计算稳定性增强。

对于中性气体,我们考虑其连续性方程、动量方程及能量方程,其连续性方程为

$$\frac{\partial n_\mathrm{n}}{\partial t} + \nabla \cdot (n_\mathrm{n}u_\mathrm{n}) = R_\mathrm{n} \tag{6.17}$$

式中 n_n、u_n ——中性气体的密度及速度;

R_n——中性气体间及中性气体与电子间发生碰撞而引起的损失项。

中性气体速度 u_n 可通过动量方程给出：

$$\frac{\partial(n_n m_n u_n)}{\partial t} + \nabla \cdot (n_n m_n u_n u_n) = -\nabla p_n - \nabla \cdot \overleftrightarrow{\Pi}_n + M_n \tag{6.18}$$

其中，压强 $p_n = k_B n_n T_n$，M_n 为中性气体与离子间碰撞引起的动量转移。中性气体的黏滞压力张量 $\nabla \cdot \overleftrightarrow{\Pi}_n = \eta \left[\nabla^2 u_n - \frac{1}{3} \nabla(\nabla \cdot u_n) \right]$，$\eta$ 为黏滞系数。

由于中性气体的流动和传热对尘埃等离子体影响较大，因此中性气体的能量方程不可忽略，其方程为

$$\frac{\partial(n_n \varepsilon_n)}{\partial t} + \nabla \cdot (n_n \varepsilon_n u_n) = -\nabla \cdot q_n - p_n \nabla \cdot u_n + E_n \tag{6.19}$$

式中 q_n——能流密度，$q_n = -\kappa \nabla T_n$，κ 是热传导系数；

E_n——中性气体与离子间碰撞引起的能量转移；

ε_n——中性气体能量。

对于尘埃粒子，其连续性方程为

$$\frac{\partial n_d}{\partial t} + \nabla \cdot \Gamma_d = \left[\frac{\partial n_d}{\partial t}\right]_{nuc} + \left[\frac{\partial n_d}{\partial t}\right]_{coag} + \left[\frac{\partial n_d}{\partial t}\right]_{growth} + \left[\frac{\partial n_d}{\partial t}\right]_{charging} \tag{6.20}$$

式中 n_d、Γ_d——尘埃粒子的密度及流通量；

$\left[\dfrac{\partial n_d}{\partial t}\right]_{nuc}$——尘埃粒子聚合过程的产生率；

$\left[\dfrac{\partial n_d}{\partial t}\right]_{coag}$——凝聚阶段纳米颗粒密度随时间的变化；

$\left[\dfrac{\partial n_d}{\partial t}\right]_{growth}$——表面生长过程中尘埃颗粒密度随时间的变化；

$\left[\dfrac{\partial n_d}{\partial t}\right]_{charging}$——充电过程中引起的尘埃颗粒密度变化。

为了给出较小尺寸尘埃颗粒特性，我们把 $C_{12}H^-$ 和 $C_{12}H_2^-$ 作为纳米颗粒形成的源项，而 $C_{12}H^- + C_2H_2 \longrightarrow C_{14}H^- + H_2$，$k_{rec} = 10^{-18}\ m^3/s$，这个反应的系数作为纳米颗粒的产生率 k_{for_k}。需要说明的是，这里我们认为聚合过程一直在进行着，并不因为凝聚过程的出现而停止不动。尘埃颗粒的通量方程比较复杂，这是由于尘埃粒子除了受电场力外，还受其他外力的影响。例如，离子拖拽力、中性粒子拖拽力、重力及热泳力等。其中电场力 $F_e = Q_d E$，重力 $F_g = \frac{4}{3}\pi r_d^2 \rho_d g$，离子拖拽力 $F_i = n_i u_s m_i u_i (\pi b_c^2 + 4\pi b_{\frac{\pi}{2}}^2 \Gamma_c)$，中性粒子拖拽力 $F_n = -\frac{4}{3}\pi r_d^2 n_n m_n v_{th,n}(v_d - v_n)$，热泳力 $F_{th} = -\frac{32 r_d^2}{15 v_{th,n}}\left[1 + \frac{5\pi}{32}(1 - \alpha_T)\right] k_T \nabla T_{gas}$。离子拖拽力分为两部分：收集力 $F_{i,coll} = n_i u_s m_i u_i \pi b_c^2$ 和轨道力 $F_{i,orb} = n_i u_s m_i u_i 4\pi b_{\frac{\pi}{2}}^2 \Gamma$。

我们假设中性粒子拖拽力与其他力的和达到平衡，即可求得尘埃颗粒的动量方程，即

$$\Gamma_{\mathrm{d}} = -\mu_{\mathrm{d}} n_{\mathrm{d}} E_{\mathrm{eff}} - D_{\mathrm{d}} \nabla n_{\mathrm{d}} - \frac{n_{\mathrm{d}}}{v_{\mathrm{md}}} g + \sum \frac{n_{\mathrm{d}} m_{\mathrm{i}} \upsilon_{\mathrm{s}}}{m_{\mathrm{d}} v_{\mathrm{md}}} (4\pi b_{\frac{\pi}{2}}^2 \Gamma_{\mathrm{c}} + \pi b_{\mathrm{c}}^2) \Gamma_{\mathrm{i}} - \frac{32}{15} \frac{n_{\mathrm{d}} r_{\mathrm{d}}^2}{m_{\mathrm{d}} v_{\mathrm{md}} \upsilon_{\mathrm{th}}} k_{\mathrm{T}} \nabla T_{\mathrm{gas}}$$

$$(6.21)$$

式(6.21)中动量损失频率 v_{md} 的表达式为

$$v_{\mathrm{md}} = \sqrt{2} \frac{P_{\mathrm{tot}}}{k_{\mathrm{B}} T_{\mathrm{gas}}} \pi r_{\mathrm{d}}^2 \sqrt{\frac{8 k_{\mathrm{B}} T_{\mathrm{gas}}}{\pi m_{\mathrm{d}}}}$$

$$(6.22)$$

颗粒的迁移率 μ_{d} 及扩散系数 D_{d} 分别为

$$\mu_{\mathrm{d}} = \frac{Q_{\mathrm{d}}}{m_{\mathrm{d}} v_{\mathrm{md}}}$$

$$(6.23)$$

$$D_{\mathrm{d}} = \mu_{\mathrm{d}} \frac{k_{\mathrm{B}} T_{\mathrm{gas}}}{Q_{\mathrm{d}}}$$

$$(6.24)$$

这里尘埃颗粒表面收集电荷 Q_{d} 是通过电流平衡方程求得的,即

$$I_{\mathrm{e}} = I_{\mathrm{i}}$$

$$(6.25)$$

根据轨道运动理论,电子电流 I_{e} 为

$$I_{\mathrm{e}} = \pi r_{\mathrm{d}}^2 e n_{\mathrm{e}} \sqrt{\frac{8 k_{\mathrm{B}} T_{\mathrm{e}}}{\pi m_{\mathrm{e}}}} \exp\left(\frac{e V_{\mathrm{fl}}}{k_{\mathrm{B}} T_{\mathrm{e}}}\right)$$

$$(6.26)$$

离子电流 I_{i} 为

$$I_{\mathrm{i}} = \pi r_{\mathrm{d}}^2 e n_{\mathrm{i}} \sqrt{\frac{8 k_{\mathrm{B}} T_{\mathrm{i}}}{\pi m_{\mathrm{i}}}} \left(1 - \frac{e V_{\mathrm{fl}}}{k_{\mathrm{B}} T_{\mathrm{i}}}\right)$$

$$(6.27)$$

在本研究中,为了考虑鞘层区离子的迁移速度,我们用离子平均能量 $E_{\mathrm{i}} = \frac{1}{2} m_{\mathrm{i}} u_s^2 = \frac{1}{2} m_{\mathrm{i}} u_{\mathrm{i}}^2 + \frac{4 k_{\mathrm{B}} T_{\mathrm{i}}}{\pi}$ 代替了式(6.24)中的 $k_{\mathrm{B}} T_{\mathrm{i}}$。这样离子平均速度 u_s 就包含了热速度 $u_{\mathrm{th,i}}$ 和迁移速度 u_{i}。

瞬时电场 E 及电势由泊松方程得出,即

$$\nabla^2 \varphi = -\frac{e}{\varepsilon_0} \left(\sum n_+ - \sum n_- - n_{\mathrm{e}} - Z_{\mathrm{d}} n_{\mathrm{d}} \right)$$

$$(6.28)$$

$$E = -\frac{\mathrm{d}\phi}{\mathrm{d}x}$$

$$(6.29)$$

式中　　n_+、n_-、n_{e}、n_{d}——正离子、负离子、电子和尘埃粒子数密度;

　　　　Z_{d}——尘埃颗粒表面元电荷数,$Z_{\mathrm{d}} = \dfrac{Q_{\mathrm{d}}}{e}$。

6.2.4　流体力学模型与气态动力学模型的耦合过程

由于尘埃颗粒质量很大,为了能够较快地达到稳定,在计算过程中采取了两种不同时间步长:等离子体模块中时间步长设为 $\Delta t \approx 2.2 \times 10^{-11}$ s,而尘埃颗粒生长模块时间步长是成核过程的 10^4 倍($\Delta t \approx 2.2 \times 10^{-7}$ s)。本此研究将考虑四大模块,包括中性气体的流场和热场模块、化学反应模块、等离子体模块和尘埃颗粒的生长模块,并考虑表面反应过程的影

响,如图6.3所示。在等离子模块中考虑了等离子体与中性气体间的单向或双向耦合,各模块之间的相互迭代,直至收敛。需要注意的是,表面反应模块主要是通过中性粒子与器壁间的系数反应系数研究的,也是本研究的特色之一,研究结果可以为等离子体工艺提供必要的理论依据。

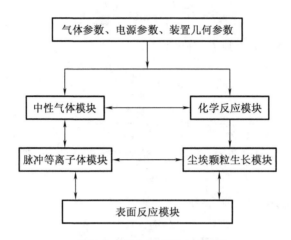

图6.3　反应模块程序流程图

6.2.5　系数计算

1. 电子的扩散系数

对于电子的电离、吸附系数等可以表示为

$$K_{jm} = \frac{4\pi}{n_e} \int_v^\infty \sigma_{jm}(v) f_e(v) v^3 \mathrm{d}v \tag{6.30}$$

式中,$\sigma_{jm}(v)$为电离或吸附截面。这样通过式(6.30)就求得了与电子相关的输运系数。

2. 中性气体的扩散系数

在本研究中,中性粒子的扩散系数是由低气压下双组分混合气体的扩散理论及 Blancs 定律求得的,而扩散理论则来自对波尔兹曼(Boltzmann)方程的求解,其表达式满足:

$$D_{ij} = \frac{3}{16} \frac{(2\pi k_B T_{gas}/m_{ij})}{n\pi \sigma_{ij}^2 \Omega_D} \tag{6.31}$$

其中,$D_{ij}(m^2/V)$表示中性粒子j在背景气体i中的扩散系数。

本研究中背景气体主要由 C_2H_2、H_2、C_4H_2 三种气体组成,约化质量 $m_{ij} = \dfrac{m_i m_j}{m_i + m_j}$,$m_i$ 和 m_j 分别为粒子 i、j 的分子量。n 是混合气体的分子数密度,可由理想气体状态方程求得 $n = \dfrac{P_{tot}}{k_B T_{gas}}$,$P_{tot}$ 为混合气体总气压,k_B 是波尔兹曼常数,T_{gas} 为气体温度;Ω_D 为扩散碰撞积分,是温度的函数;σ_{ij} 是粒子 i、j 的直径平均值 $\sigma_{ij} = \dfrac{\sigma_i + \sigma_j}{2}$。$\Omega_D$ 是无因次量,可以根据文献给出,也可以按内费尔德(neufeld)经验公式计算:

$$\Omega_D = \frac{A}{(T^*)^B} + \frac{C}{\exp(DT^*)} + \frac{E}{\exp(FT^*)} + \frac{G}{\exp(HT^*)} \tag{6.32}$$

式中，$A = 1.060\ 36$，$B = 0.156\ 10$，$C = 0.193$，$D = 0.476\ 35$，$E = 1.035\ 87$，$F = 1.529\ 96$，$G = 1.764\ 74$，$H = 3.894\ 1$；$T^* = \dfrac{k_B T_{gas}}{\varepsilon_{ij}}$，$\varepsilon_{ij} = (\varepsilon_i \varepsilon_j)^{0.5}$，$\varepsilon_i$ 和 ε_j 分别为中性粒子 i、j 的林纳德 – 琼斯势能函数。本研究的中性粒子势能参数列于表 6.3 中。

表 6.3 林纳德 – 琼斯势能参数

粒子	$\sigma/\text{Å}$	$\dfrac{\varepsilon}{k_B}/\text{K}$
C_2H_2	4.033	231.8
CH_2	3.491	95.2
CH	3.37	68.6
H_2	2.827	59.7
H	2.5	30.0
CH_4	3.758	148.6
C_2H_4	4.163	224.7
C_6H_6	5.349	412.3

首先根据式(4.40)可以得到中性粒子 j 在背景气体 i 中的扩散系数，再由 Blancs 定律就可以得到中性粒子 j 的扩散系数，即

$$\frac{P_{tot}}{D_j} = \sum_i \frac{P_i}{D_{ij}} \tag{6.33}$$

式中，i 代表背景气体；P_i 为背景气体 i 的气压。这样通过上述方法我们就得到了混合气体中中性粒子 j 的扩散系数 D_j。

方程(6.40)是由非极性、球性、单原子分子构成的稀薄气体导出的，尽管势能函数是经验值，但在很宽的温度范围内都得到了很好的近似。

3. 离子迁移率及扩散系数

对于离子迁移率的求法，我们采用的是低电场郎之万理论(Langevin)及 Blancs 定律，其中郎之万迁移率表达式为

$$\mu_{ij} = 0.514 \frac{T_{gas}}{P_{tot}} (m_{ij} \alpha_j)^{-0.5} \tag{6.34}$$

式中　μ_{ij}——粒子 j 在背景气体 i 中的迁移率($\text{m}^2/(\text{V} \cdot \text{s})$)；

α_j——背景气体的极化率，单位为 Å^3，详见表 6.4。

与中性粒子相似，离子的迁移率 μ_j 也是由 Blancs 定律求得的：

$$\frac{P_{tot}}{\mu_j} = \sum_i \frac{P_i}{\mu_{ij}} \tag{6.35}$$

表 6.4　乙炔等离子体放电中原子及分子的极化率

粒子	C_2H_2	C_6H_6	CH_4	C_2H_4	H_2
$\alpha_i(\text{Å}^3)$	3.49	10.4	2.6	4.22	0.819

而离子的扩散系数可以通过爱因斯坦(Einstein)关系给出

$$D_j = \frac{k_B T_{ion}}{e} \mu_j \tag{6.36}$$

式中,T_{ion}为离子的温度,这里我们假定离子的温度是恒定值 400 K,这是由于离子的温度对整体等离子体放电影响较小。由方程(6.34)可知离子的迁移率与约化质量的开方成反比,也就是说离子质量越大,迁移率越小。

6.2.6　边界条件

图 6.4 为射频容性耦合等离子体装置示意图,放电装置是呈中心对称的圆柱形,装置侧壁由绝缘介质构成,上、下极板为金属导体。上极板接射频淋浴头式电极,通过此电极加入中性气体,下极板接地,侧壁为出气口。

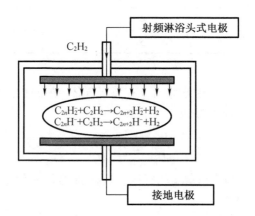

图 6.4　射频 CCP 模拟装置示意图

在流体模型中,为了求解差分方程,电势及密度等边界条件必须给定。根据 Cianci 等 2006 年在中引用的边界条件,极板处电子通量为

$$\Gamma_e = \frac{1}{4} n_e u_{th} (1 - \Theta) - \gamma_{se} \Gamma_+ \tag{6.37}$$

式中,$u_{th} = \sqrt{\dfrac{8T_e}{\pi m_e}}$为电子平均热运动速度,在这里我们考虑了电子入射到器壁上后会受到器壁的反弹作用一部分电子会重新入射到等离子体中,Θ 为电子器壁上反射系数,本模拟中 $\Theta = 0.25$。

电子能流在边界处的取值为

$$q_e = \frac{5}{2} T_e \Gamma_e \tag{6.38}$$

负离子流通量在极板处的取值为

$$\Gamma_- = \frac{1}{4} n_- u_{\mathrm{th,i}} \tag{6.39}$$

式中，$u_{\mathrm{th,i}} = \sqrt{\dfrac{8 k_{\mathrm{B}} T_{\mathrm{i}}}{\pi m_{\mathrm{i}}}}$ 是离子的平均热运动速度。

对于正离子，我们设它的通量在边界处连续即边界处的梯度为零，则

$$\nabla \cdot \Gamma_+ = 0 \tag{6.40}$$

对于中性基团粒子，极板处的粒子流为

$$\Gamma_{\mathrm{n}} = \frac{s_{\mathrm{n}}}{2(2 - s_{\mathrm{n}})} n_{\mathrm{n}} u_{\mathrm{th}} \tag{6.41}$$

式中，$s_{\mathrm{n}} = \beta_{\mathrm{n}} - \gamma_{\mathrm{n}}$ 是中性粒子的黏附系数，β_{n} 是表面反应系数（代表中性粒子在表面的反应概率），γ_{n} 是复合系数（代表中性粒子与其他吸附粒子产生稳态气体的概率）。侧壁处电子、离子密度及通量为 $\partial n / \partial r = 0$，$\partial \Gamma / \partial r = 0$；轴中心处考虑到装置的中心对称性我们认为电子、离子密度及通量也满足 $\partial n / \partial r = 0$，$\partial \Gamma / \partial r = 0$。

背景气体速度及能量的边界为，进气口：$u = 0$，$T_{\mathrm{gas}} = 400\ \mathrm{K}$；出气口：$\partial v / \partial z = 0$，$\partial T_{\mathrm{gas}} / \partial z = 0$；

器壁处 $v = -2\lambda \dfrac{\partial v}{\partial n}$，$T_{\mathrm{gas}} = T_{\mathrm{wall}} - \dfrac{15}{16} \pi \lambda \sqrt{\dfrac{T_{\mathrm{gas}}}{T_{\mathrm{wall}}}} \dfrac{\partial T_{\mathrm{gas}}}{\partial n}$（其中 u 为背景气体的径向速度，v 为背景气体的切向速度，n 为单位矢量）。

6.3　模拟结果与讨论

6.3.1　射频乙炔微放电特性研究

为了研究纳米颗粒在 MDs 中的行为，本部分采用 13.56 MHz 射频源，电压峰值为 100 V，射频源采取的是淋浴头式电极，并将下电极接地。在该射频 MDs 中，等离子体由二次电子发射（SEE）维持，其中二次电子发射系数取决于电极表面状态、粒子种类、影响电极的粒子能量和电极材料。假定二次电子发射系数为 $\gamma_{\mathrm{se}} = 0.1$。我们将总输入流量设置为 $F_{\mathrm{tot}} = 400\ \mathrm{sccm}$，在 20 sccm 时乙炔的摩尔分数为 5%。$P_{\mathrm{Ar}} : P_{\mathrm{C_2H_2}} = 19 : 1$。离子温度 $T_{\mathrm{ion}} = 400\ \mathrm{K}$，起始电子温度 $T_{\mathrm{e}} = 3\ \mathrm{eV}$。两平行平板电极之间的气体距离从 100 μm 到 1 000 μm 不等。气体压力为 100 ~ 760 Torr，而电压从 100 V 到 300 V 不等。在该模型中，一个射频（13.56 MHz）周期的时间步长设置为 7.4×10^{-13}，空间步长设置为 5×10^{-6} m。为了加快计算速度，描述中性化学的时间步长为 RF 循环的 100 倍，而尘埃粒子的时间步长为 7.4×10^{-9}。

图 6.5 为计算得到的等离子体中心的正离子、电子和负离子密度，电极间距 $L = 1\ 000$ μm。需要注意的是，电子密度的最大值约为 $4 \times 10^{12}\ \mathrm{cm}^{-3}$。与电子密度相反，$\mathrm{Ar}^+$ 的值约为 $1 \times 10^{10}\ \mathrm{cm}^{-3}$，这意味着电子密度比 Ar^+ 的密度大两个数量级左右。这可能源于以下

两个原因：

（1）根据 Moravej，氩气的电离系数为 $4 \times 10^{-12} T_e^{0.5} \exp(-15.8/T_e)$ cm^3/s，即当电子能量达到 15.8 eV 以上的 Ar 上发生电子碰撞产生，而 $C_2H_2^+$ 则是在 11.4 eV 以上的 C_2H_2 上发生电子碰撞产生。因此，氩气的电离系数比乙炔的电离系数小得多；

（2）乙炔是活性气体，会产生大量的正离子，本文考虑的正离子约为 17 个。

在乙炔放电中，$C_4H_2^+$ 是一种重要的正离子，在等离子体中浓度约为 2×10^{11} cm^{-3}，约为 Ar$^+$ 密度的 20 倍。负离子 H_2CC^- 和 C_2H^- 是尘埃颗粒形成的主要前驱物，它们在电场力的作用下被约束在放电区域内，其峰值分别为 1×10^{12} 和 5×10^{10}。

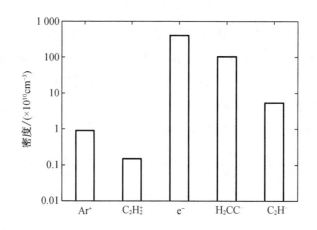

图 6.5　等离子体中心处正、负离子和电子密度分布

图 6.6 给出了电子温度（T_e）、氩气的电离系数（k_r）和乙炔的离解电离系数（k_{di}）的空间分布。我们可以看到，由于电场效应，电子温度在前鞘附近出现了两个峰值，但等离子体体中在 1.2 eV 左右出现了更低的峰值。事实上，要在微等离子体中获得稳定的放电，需要大量的惰性气体，如氩气和氦气。因此，本文将 Ar 和 C_2H_2 的气体压力比设为 19。由于 Ar$^+$ 密度远低于 $C_4H_2^+$ 密度，如图 6.6 所示，因此在图 3 中对 k_r 和 k_{di} 做了一些比较。我们可以清楚地看到，在 $P_{Ar}:P_{C_2H_2} = 19:1$ 的条件下，k_{di} 的峰值比 k_r 的最大值大 5 个数量级，这最终导致 $C_4H_2^+$ 密度比 Ar$^+$ 密度高 20 倍。值得注意的是，随着电场的加速，电离系数 k_{di} 和 k_r 在等离子体区保持稳定，而在鞘层区迅速增大。

图 6.7 给出了不同气压（分别为 400,600 和 700 Torr）下，电子与 C_2H_2 碰撞产生 H_2CC^- 密度及其相应的附着系数 k_{da} 的空间分布。从图中可以看出，随着气压的增加，k_{da} 对气体压力的影响不大，而 H_2CC^- 密度则急剧增加，说明背景气体密度的上升幅度远大于附着系数的下降幅度。随着压力的增加，背景气体（C_2H_2）与电子的碰撞变得更加频繁，产生更多的离子。另一方面，由于在高压下，碰撞频率较高，而较高的碰撞频率将导致电子能量和电子温度的降低，从而导致附着系数 k_{da} 随着气压的增大而减小。此外，等离子体区的附着系数在预鞘中呈双峰，而在体等离子体中则低得多，这是由于在预鞘处电子能量较大，如图 6.6（a）所示。H_2CC^- 主要分布在等离子体区，鞘层区 H_2CC^- 密度在电场力的作用下迅速下降。

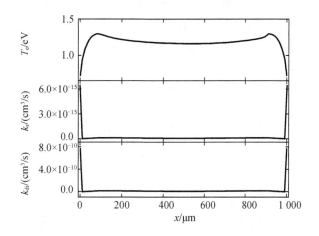

图6.6 电子温度、氩气电离系数和乙炔电离系数的空间分布

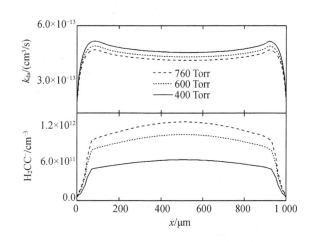

图6.7 H_2CC^-密度和相应的解离系数的空间分布

图6.8给出了不同气压对纳米颗粒密度的影响,粒子直径为10 nm。可以清楚地从图中看到,在喷淋头电极前出现了一个局部最大值, 这是由于热泳力将纳米粒子从进气电极处移动到中性气体温度梯度最大的鞘层区域,而下电极处的纳米颗粒密度较小,逐渐向上电极处迁移,也是气体温度较低的地方。与我们之前的研究相比,微等离子体中的尘埃颗粒密度要高得多,这表明较高的气体压力会导致背景气体与电子发生更多的碰撞,从而导致纳米粒子数量的增加和鞘层的收缩。因此,大气压微等离子体放电中尘埃颗粒的形貌与低压射频放电中纳米颗粒的形貌有很大的差异。从图6.8中还可以看出,随着气压的增加,纳米颗粒密度明显增加,尤其是在预鞘区域。这是由于碰撞频率和等离子体密度以及中性气体温度梯度增加的原因。

图6.9给出了在气体压力为600 Torr时,不同电极间距下负离子(H_2CC^-)密度和附着系数(k_{da})的空间分布。由图6.9可以看出,H_2CC^-随着电极间距的减小而增大。众所周知,减小电极间距往往会使鞘层区向体等离子体区扩展,从而使更多的二次电子从上电极和下电极发射,从而导致较高的等离子体密度。因此,可以说电极间距对等离子体参数有

较大的影响。电极间距对电子碰撞系数的影响也可以在图6.9中看到,我们发现随着电极间距的减小,k_{da}的两个峰值逐渐增加,而且出现在预鞘处,说明电极间距不仅可以改变等离子体参数大小,而且可以改变等离子体参数的空间分布。

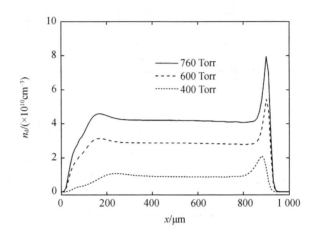

图6.8 气压对尘埃颗粒密度空间分布的影响

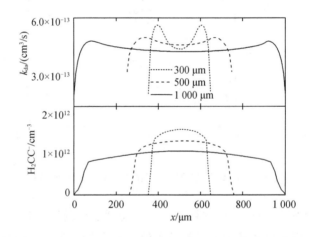

图6.9 极板间距对 H_2CC^- 密度和相应的解离系数的空间分布的影响

图6.10给出了纳米颗粒密度随电极间距变化的空间分布,电极间距分别设置为300 μm、500 μm、1 000 μm。纳米颗粒的尺寸设定为 $D_d = 10$ nm,其中纳米颗粒是通过凝聚过程快速生长起来的。由图6.10可知,在体等离子体中,纳米颗粒密度较低,在上电极附近纳米粒子密度有一个峰值,这是由于我们考虑了中性气体的流动和传热过程,进而产生了中性气体温度梯度,使得纳米颗粒密度逐渐向温度较低地方迁移。此外,与图6.9相似的是,在尘埃颗粒形成初始粒子密度的影响下,纳米颗粒的密度随着极板间距的减小而迅速增大。从图中可以看到当电极间距从1 000 μm减小到300 μm,纳米颗粒密度增加了近2倍。这些结果与低压射频放电的结果截然相反,这是由于大气压微等离子体放电中气体电离主要是通过二次电子发射产生的,而低压射频放电主要是靠等离子体中电子碰撞维持。

最后我们研究了电压对等离子体参数的影响,图6.11给出了不同电压下负离子密度

（H_2CC^-）和附着系数 k_{da} 的空间分布图。从图6.11中可以看出,随着外加电压的增加,附着系数 k_{da} 和 H_2CC^- 的密度显著增加,而且 H_2CC^- 的密度随着电压的增加以指数形式增加。在大气压微放电中,电子加热主要靠二次电子发射,因此输入电压和功率主要由二次电子耗散。换言之,随着电压的增加,更多的二次电子可以从电极发射,导致附着系数和等离子体密度的增加。因此,随着射频源电压的增加,等离子体区中的 H_2CC^- 密度显著增加,而附着系数增加的较少。我们还研究了电压对纳米粒子密度空间分布的影响,如图6.12所示,纳米颗粒密度的直径取为 10 nm。与图6.11中 H_2CC^- 的密度结果相似,随着射频源电压的增加,纳米颗粒密度显著增加,尤其是在上电极区域,表现出较高的中性气体温度梯度效应。可见,外加电压对等离子体密度甚至纳米粒子的形成和生长都有显著的影响。

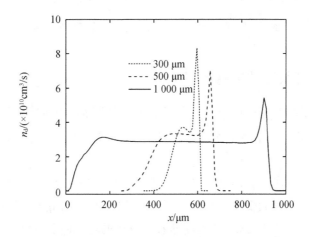

图 6.10　电极间距对纳米粒子数密度的空间分布的影响

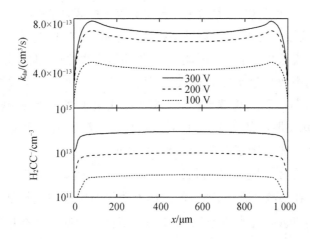

图 6.11　电压对负离子 H_2CC^- 及其附着系数 k_{da} 的空间变化的影响

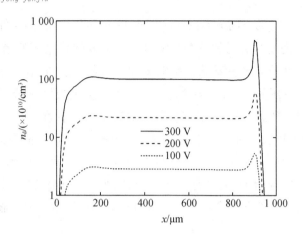

图 6.12　电压对尘埃颗粒密度的空间变化的影响

6.3.2　脉冲乙炔微放电特性研究

本节主要研究了脉冲射频（C_2H_2/Ar）微等离子体中等离子体特性和纳米颗粒形成和生长过程,着重讨论了占空比和调制频率对等离子体密度、纳米粒子密度的大小和空间分布的影响。

图 6.13 给出了在占空比 $\eta = 0.1, 0.2, 0.3, 0.4, 0.5$ 情况下,等离子体中心处的电子密度和上极板处的电子通量的变化。从图中可以看到在占空比 $\eta = 0.3$ 处,电子密度达到最大值,在占空比为 0.1~0.3 时,电子密度随着占空比的增加而明显增大,而在 0.3~0.5 时,电子密度随着占空比的增加而减小。这一现象最可能的原因是在占空比 $\eta = 0.3$ 附近出现了模态转变。当占空比小于 0.3 时,放电主要由等离子体区电子碰撞来维持,而在占空比大于 0.3 时,放电主要通过二次电子发射维持。虽然高能的二次电离确实产生了一些电离,但与离子流相比,电子流是非常小的。因此,在发生显著电离之前,大部分二次电子在放电中丢失,而鞘层振荡则用来维持放电（α 模式）。然而,当占空比从 0.3 增加到 0.5 时,电子流迅速增加,如图 6.13(b)所示,也就是放电主要靠二次电子来维持（γ 模式）。另一方面,占空比的增加会导致鞘层厚度的减小,从而导致从极板处激发的二次电子减少。因此,在占空比为 0.3~0.5,电子密度随着占空比的增加而减小。

图 6.14 给出了负离子 H_2CC^- 密度随占空比的变化,H_2CC^- 是尘埃颗粒形成的主要初始粒子。众所周知,在参考文献中,95% 的碳纳米颗粒的形成和生长是由活性 H_2CC^- 前体引发的。因此,我们着重研究了占空比对 H_2CC^- 密度的影响。从图中我们可以清楚地看到,在电子密度的影响下,H_2CC^- 密度随着占空比的增加先增加后降低。在占空比为 0.3 时达到最大值,约为 2×10^{12} cm^{-3}。这一计算结果从另一方面也验证了模式转换的存在。

为了研究纳米颗粒的行为,图 6.15 给出了占空比 $\eta = 0.3$ 时纳米颗粒密度的空间变化曲线,图 6.15(b)显示了不同占空比下放电中心的纳米颗粒密度,纳米颗粒直径为 $D_d = 10$ nm。由图 6.15(a)可以清楚地看出,在气体温度的热梯度的影响下,纳米颗粒在喷流手电极附近出现局部最大值,在体等离子体中由于气体压力为 600 Torr 时较大的碰撞频率而保持较高的值。此外,从图 6.15(b)中还可以看出,在占空比为 0.1 ~ 0.3 时,纳米粒子的密度迅速增加,而在占空比为 0.3 ~ 0.5 时,尘埃粒子的密度略有下降。在占空比为 $\eta = 0.3$ 时,纳米颗粒密度达到最大值 $4 \times 10^9\,cm^{-3}$。

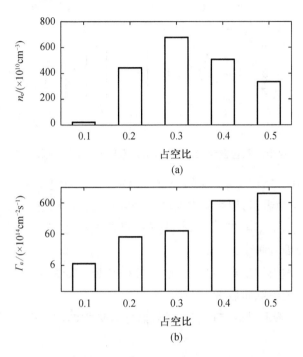

图 6.13　占空比对电子密度和电子通量的影响

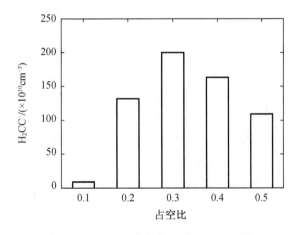

图 6.14　占空比对 H_2CC^- 密度和电子通量的影响

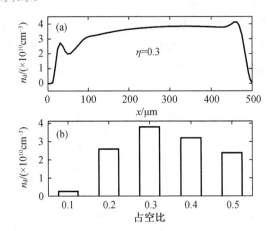

图 6.15 占空比对尘埃颗粒密度影响,并给出占空比为 0.3 时纳米颗粒密度的空间分布

图 6.16 给出了在占空比 $\eta = 0.3$ 的条件下,调制频率对电子密度的空间分布的影响。从图 6.16 中可以清楚地看出,调制频率对电子密度有很强的响应。在 $f = 5$ MHz 时,电子密度约为 3×10^{12} cm^{-3},而在 $f = 100$ kHz 时,电子密度最大约为 11×10^{12} cm^{-3}。一般来说,产生这种现象的主要原因有两个:

(1)随着调制频率的降低,鞘层厚度变大,使得从极板处发射的二次电子增加。因此,电子密度随调制频率的降低而显著增大。

(2)随着调制频率降低,脉冲持续时间增加,导致更大的碰撞率。鞘层区的碰撞效应促使电子密度增加。

因此,可以说调节调制频率是提高电子密度的一种有效方法。

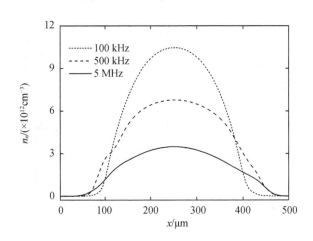

图 6.16 调制频率对电子数密度的影响

图 6.17 给出了负离子 H_2CC^- 密度在一个脉冲周期内的空间分布,调制频率分别为 100 kHz、500 kHz 和 5 MHz。从图 6.17 中可以看出,随着调制频率的降低,H_2CC^- 密度从 5×10^{11} cm^{-3} 迅速增加到 9×10^{11} cm^{-3}。可以看出,降低调制频率后,鞘层厚度略有增加,从极板处激发出更多的二次电子,进而使得负离子 H_2CC^- 密度随调制频率的降低而增加两倍的原因。

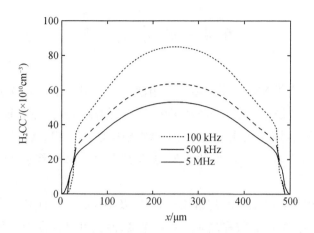

图 6.17　调制频率对 H_2CC^- 数密度的影响

最后,我们考虑调制频率对纳米颗粒密度的影响,如图 6.18 所示。在脉冲周期内对纳米粒子的密度进行时间平均,纳米粒子的直径选择在 $D_d = 10$ nm。从图 6.18 可以看出,随着调制频率的降低,等离子体区内的纳米粒子密度增加,增加了两倍。然而,上电极边界处的纳米颗粒密度显著增加,从 $f = 5$ MHz 的 1×10^{10} cm^{-3} 增加到 $f = 100$ kHz 时的 8×10^{10} cm^{-3}。产生这种现象的主要原因如下:

(1)在淋浴头电极附近存在较大的气体温度热梯度,使得纳米粒子密度在淋浴头电极附近呈现局部最大值。

(2)鞘层厚度随着调制频率的降低而大大增加,导致射频源电极附近的纳米粒子密度迅速增加。

(3)纳米粒子形成的初始粒子 H_2CC^- 密度随着调制频率的降低而略有增加,导致体等离子体区的纳米粒子密度变化较小。

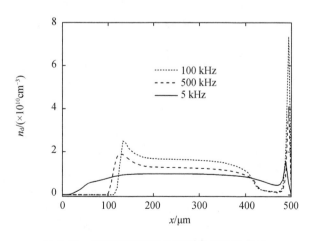

图 6.18　调制频率对纳米颗粒数密度的影响

6.4　本　章　小　结

本章主要是通过一维流体力学模型及气相动力学模型相结合的方法,研究了射频乙炔放电中尘埃颗粒的生长阶段,尤其是考虑了中性气体的流动及传热方程。重点探讨了射频乙炔放电中气体流速、射频源电压、气压对纳米颗粒密度的影响。此外,我们还分析了尘埃颗粒形成过程中各种正、负离子密度的分布,以及其在尘埃颗粒形成过程中所发挥的作用。数值模拟结果表明:

(1)尘埃颗粒成核阶段主要的初始粒子 C_2H^- 及 H_2CC^-,且 H_2CC^- 占绝大多数。

(2)气体流速不但可以有效提高尘埃颗粒密度,而且可以改变纳米颗粒的空间分布,使得尘埃颗粒密度逐渐向进气口处偏移。

(3)通过调节电压可以改变纳米颗粒的密度大小,但对纳米颗粒密度的轴向分布影响较小。

(4)气压不但可以改变尘埃颗粒密度大小,还可以改变纳米颗粒密度的空间分布,但相对于气流来说,其影响较小。该部分研究成果已发表,详见参考文献[90]。

第7章 乙炔微放电中模式转换现象

7.1 引 言

微放电由于其物理尺寸小，电子密度高，在大气压下的稳定运行以及非热特性等特殊性质而得到广泛研究。这些特性使得微等离子体在各种材料加工和生物医学方面，特别是在薄膜沉积和纳米材料合成方面得到了广泛的应用。Raballand 等研究了毛细等离子体电极放电沉积无碳二氧化硅薄膜，弛豫时间通过样品和电极之间的距离确定，它可以调节聚合顺序。随后，Reuter 等研究了基于大气压微等离子体射流的二氧化硅（SiO_xH_y）薄膜沉积。在他们的研究中，两个射流集中在一个旋转的基片支架前，间距为 4 mm，极板间距离为 40 mm。结果表明，SiO_xH_y 膜可以实现，而碳的损失主要是通过与氧的反应。此外，由于微等离子体的可控沉积，Benedikt 等研究了氢化非晶碳（$a-C:H$）薄膜的性能。结果表明，$a-C:H$ 薄膜以约为 7 nm/s 的沉积速率在 1.7×10^{-3} mm^2 表面上沉积。另外，研究还发现与大体积低压等离子体相比，微等离子体在纳米材料的合成方面展示了独特的性能，例如在纳米结构薄膜、气溶胶纳米颗粒和纳米复合材料中。因此，对微等离子体薄膜沉积进行细致的研究是非常有必要的。

本章基于氢化非晶碳薄膜，重点研究了大气压乙炔（C_2H_2）微放电特性。氢化非晶碳薄膜由于具有低磨损系数、低红外透明度和高硬度等性能，可广泛用于钝化层、场发射冷阴极的平板显示器以及摩擦学材料中。然而在这些应用中，尘埃颗粒的形成是一个特别重要的问题。因此，研究人员通过数值模拟和实验测量等做了大量研究来控制尘埃颗粒的形成。例如 De Bleecker 等提出了利用一维流体力学模型来描述乙炔化学动力学方程，并揭示了尘埃颗粒的形成机制以及纳米颗粒形成的初始颗粒。然而，当将他们的研究结果与实验测量结果进行比较时，结果并不令人满意。因此在此基础上，Mao 等提出了新的负离子，包括偏乙烯基阴离子（H_2CC^- 和 $C_{2n}H_2^-$），这些负离子对尘埃粒子的形成是非常重要的。而且，他们的计算结果与 Benedikt 等和 Deschenaux 等的实验测量结果吻合较好。因此，在低气压乙炔放电中，最初的尘埃颗粒成核过程已经得到了广泛的研究。然而，目前对乙炔微放电中尘埃颗粒行为的研究还很少，特别是微放电中会存在一些独特的性质如非平衡等离子体、模式转变、高能电子特性等都会严重影响尘埃颗粒的输运行为。因此，对大气压 C_2H_2 微等离子体中纳米颗粒的形成和生长过程进行了深入和细致的研究是非常有必要的。

7.2　模　型　描　述

首先,本研究中考虑了包含电子、粒子、自由基粒子和中性气体等52种粒子,如表7.1所示。而电子、离子及中性粒子密度 n_j 以及通量 Γ_j 可以通过连续性方程和动量方程确定,即

$$\frac{\partial n_j}{\partial t} + \nabla \cdot \Gamma_j = S_j \tag{7.1}$$

$$\Gamma_j = \mu_j n_j E - D_j \nabla n_j \tag{7.2}$$

式中, D_j、μ_j 分别代表粒子 j 的扩散系数和迁移率。由于离子质量比电子质量大得多,需要采用有效电场 E_{eff} 代替式(7.2)中电场 E,则

$$\frac{\partial E_{\text{eff,i}}}{\partial t} = v_{\text{m,i}}(E - E_{\text{eff,i}}) \tag{7.3}$$

表 7.1　流体方程中考虑的所有粒子

中性气体	带电离子	自由基团
C_2H_2, H_2	$C_2H_2^+$, C_2H^+, H_2^+, e^-	CH_2, H
C_4H_2, C_6H_2	CH^+, C_2^+, C^+	CH, C_2H
C_8H_2, $C_{10}H_2$	H^+, $C_4H_2^+$, $C_6H_2^+$, $C_8H_2^+$, C_4H^+	C_4H, C_6H
$C_{12}H_2$, $C_6H_2^*$	C_6H^+, C_8H^+, $C_6H_4^+$, H_2CC^-	$C_{10}H$
$C_{10}H_2^*$, $C_8H_2^*$	C_2H^-, C_4H^-, C_6H^-, $C_6H_2^-$	$C_{12}H$
C, C_2, C_2H_4	C_8H^-, $C_{10}H^-$, $C_{12}H^-$, $C_4H_2^-$, $C_8H_2^-$	C_8H
C_4H_4, C_6H_4	$C_8H_6^+$, $C_{10}H_6^+$, $C_{12}H_6^+$	

电场 E 和电势 Φ 由泊松方程决定:

$$\nabla^2 \Phi = -\frac{e}{\varepsilon_0}\left(\sum n_+ - \sum n_- - n_e - Z_d n_d\right) \tag{7.4}$$

式中, n_+、n_-、n_e、n_d 分别代表正离子、负离子及电子密度和尘埃颗粒密度, ε_0 为真空介电常数。

电子能量守恒方程为

$$\frac{\text{d}}{\text{d}t}\left(\frac{3}{2}n_e T_e\right) + \nabla \cdot \Gamma_w = -e\Gamma_e \cdot E + S_w \tag{7.5}$$

$$\Gamma_w = \frac{5}{2}T_e\Gamma_e - \frac{5}{2}D_e n_e \nabla T_e \tag{7.6}$$

式中, w_e、Γ_w、S_w 分别为电子能量密度,能量密度通量及能量损失项(能量损失一般是通过电子碰撞产生的)。

尘埃颗粒连续性方程和动量方程为

$$\frac{\partial n_d}{\partial t} + \nabla \cdot \Gamma_d = \left[\frac{\partial n_d}{\partial t}\right]_{nuc} + \left[\frac{\partial n_d}{\partial t}\right]_{coag} + \left[\frac{\partial n_d}{\partial t}\right]_{growth} + \left[\frac{\partial n_d}{\partial t}\right]_{charging} \tag{7.7}$$

$$\Gamma_d = -\mu_d n_d E_{eff} - D_d \nabla n_d - \frac{n_d}{v_{md}} g + \sum \frac{n_d m_i v_s}{m_d v_{md}} (4\pi b_{\frac{\pi}{2}}^2 \Gamma_c + \pi b_c^2) \Gamma_i - \frac{32}{15} \frac{n_d r_d^2}{m_d v_{md} v_{th}} k_T \nabla T_{gas}$$
$$\tag{7.8}$$

式中 n_d、Γ_d——尘埃粒子的密度和通量;

$\left[\dfrac{\partial n_d}{\partial t}\right]_{nuc}$——尘埃粒子聚合过程的产生率;

$\left[\dfrac{\partial n_d}{\partial t}\right]_{coag}$——是凝聚过程中纳米颗粒密度随时间的变化;

$\left[\dfrac{\partial n_d}{\partial t}\right]_{growth}$——表面生长过程中尘埃颗粒随时间的变化;

$\left[\dfrac{\partial n_d}{\partial t}\right]_{charging}$——充电过程中引起的尘埃颗粒变化;

v_{md}——尘埃颗粒的动量损失频率;

μ_d、D_d——尘埃颗粒的迁移率和扩散系数。

尘埃颗粒的带电量 Q_d 是通过电流平衡方程 $I_e = I_i$ 求得的,根据电流表达式可得

$$\pi r_d^2 e n_e \sqrt{\frac{8k_B T_e}{\pi m_e}} \exp\left(\frac{eV_{fl}}{k_B T_e}\right) = \pi r_d^2 e n_i \sqrt{\frac{8k_B T_i}{\pi m_i}} \left(1 - \frac{eV_{fl}}{k_B T_i}\right) \tag{7.9}$$

根据 $Q_d = eZ_d = C_d V_{fl}$ 可求得尘埃颗粒密度。

凝聚阶段纳米颗粒密度是通过气态动力学模型给出,这样通过流体力学模型和气态动力学模型相结合的方法可以详细地研究二维乙炔微放电中等离子体特性,以及纳米颗粒形成、生长特性和输运行为。

7.3 模拟结果与讨论

在本节,我们给出了二维射频乙炔微放电的模拟结果,其放电装置如图 7.1 所示。射频源电极加在上极板,下极板接地,气流从上极板进入,而从侧壁处流出。射频源频率为 13.56 MHz,电源电压幅值初始设为 80 V,本研究中将二次电子发射系数设置为 0.1,离子温度为 400 K。为了评估等离子体放电参数对微放电中电子加热模式和纳米粒子输运行为的影响,气压变化范围为 100 ~ 500 Torr,电压幅值变化范围为 80 ~ 150 V,射频源两电极之间的间隙变化范围为 400 ~ 1 000 μm。

图 7.2 中给出了不同极板间隙 400 μm,500 μm,800 μm 和 1 000 μm 处电子密度的轴向分布,对应的气压变化为 100 ~ 500 Torr。众所周知,等离子体区电场强度较小,但在鞘层处更强。因此,电子密度在鞘层边界有两个明显的峰值,而在等离子体中心处由于电场的作用电子密度较低。此外,我们还可以从图 7.2(a)中看到,在气压 100 Torr 时,由于功率效应的影响,电子密度与电极间隙成正比,显示出 α 模式的特性。随着气压的增加,电子密

度呈现出复杂的变化,主要体现在这两个方面:

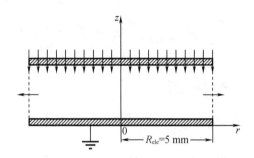

图7.1 乙炔微放电装置结构示意图

(1)从图7.2(b)和图7.2(c)可以清楚地看出,电子密度随着极板间隙的增加而突然降低4个数量级,这与图7.2(a)中电子密度的变化正好相反。

(2)当气压增加时,随着极板间距的增加,电子密度不是增加而是减少,这显然不是α放电特性。

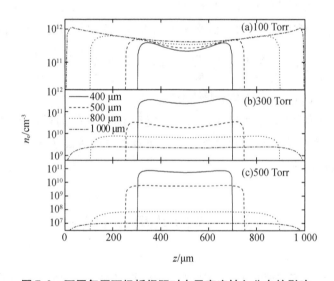

图7.2 不同气压下极板间距对电子密度轴向分布的影响

电子密度的这些变化表明微等离子体放电中可能存在两种不同的放电模式。众所周知,射频放电主要存在两种放电模式,α模式和γ模式。在α模式放电条件下,等离子体主要由体电离维持,而在γ放电模式下,等离子体主要由二次电子来维持。根据Godyak等2006年的研究,基于大气压辉光放电特性,放电从α模式到γ模式转变伴随着等离子体密度和电子温度的突然降低。考虑到图7.2中的电子密度和图7.3中的电子温度随着气压的降低而降低,我们可以得出从α到γ的模式转变发生的结论。

为了更好地理解模式转换,图7.3给出了不同气压下电极间隙对电子温度轴向分布的影响,其中(a)100 Torr,(b)300 Torr,(c)500 Torr,图7.3(d)给出了稳态下平均功率密度P随极板间距的变化。我们清楚地看到,在100 Torr的气压下,电子温度主要分布在等离子体区（图7.3(a)），显示出α模式的性质。当气压增大时(7.3(b)和7.3(c))，电子温度在电极两侧会形成两个大小相等的峰，显示出γ模式的特性。因此，我们可以相信，当气压增加时放电模式确实发生转变（从α模式到γ模式）。此外，从图7.3(d)可以看出，在气压为100 Torr时，平均功率密度P几乎保持不变，这表明功率与极板间距成正比。这导致电子密度随电极间隙线性增加，如图7.3(a)所示。当气压增加时，发生了从α模式到γ模式的转变，此时等离子体主要由二次电子发射来维持。在γ模式（>100 Torr）下，鞘层厚度随着电极间隙的增加而减小，因此平均功率密度急剧减小，如图7.3(d)所示，从而导致电子密度随着电极间隙的增加而呈指数下降，如图7.2(b)和7.2(c)所示。

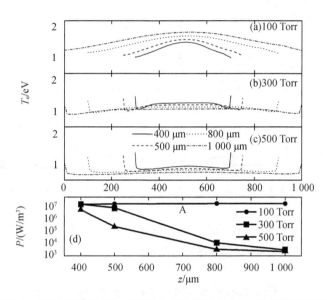

图7.3　不同气压下极板间距对电子温度轴向分布，及不同气压下功率密度随极板间距的变化

图7.4(a)至(c)给出了不同气压下电子密度的径向分布，由于电子密度大小随着极板间距变化较大，特别是在气压为300 Torr时和500 Torr时，如图7.4(b)和图7.4(c)所示，导致其径向分布的变化不明显。为此图7.4(d)给出了非均匀度的变化，非均匀度α_{non}的定义如下：

$$\alpha_{non} = \frac{n_{max} - n_{min}}{2n_{av}} \times 100\%$$

其中n_{av}、n_{max}、n_{min}表示在下电极上方放电中心的电子密度n_e的平均值、最大值和最小值（$r \leqslant 4$ mm）。根据定义，当α_{non}最小时意味着此处的等离子体密度最均匀。图7.4(d)给出了不同气压下非均匀度α_{non}随极板间隙的变化。从图7.4(d)可以看出，在气压为100 Torr时，随着极板间距的增加，α_{non}迅速增大。在极板间距为400 μm时，α_{non}取得最小值。随着气压的增加，非均匀度变化没有规律性：在气压为300 Torr时，非均匀度的最小值出现在极板间距为800 μm；而在气压为500 Torr时，非均匀度的最小值出现在极板间距为1 000 μm。因此，控制极板间隙被认为是改善等离子体均匀性的有效工具。总体来说，当气压较高时，等离子体的非均匀度较低，意味着在高气压下等离子体的均匀性比较好。因此，通过适当增加气压，可以有效地改善等离子体的均匀性，而等离子体密度大小没有显著变化。这对氢化无定形碳膜的沉积是重要的。

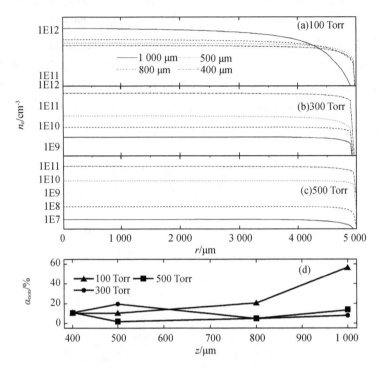

图7.4 不同气压下极板间距对电子密度径向分布的影响,及不同气压下
非均匀度 α_{non} 随极板间距的变化

图 7.5 给出了不同气压下极板间距对纳米粒子密度的轴向分布的影响;这里的尘埃颗粒我们选择的是直径为 1 nm,这是由于此尺寸的纳米颗粒具有较高的数密度。与电子密度的变化类似,在气压为时,纳米颗粒密度随着极板间隙的增加而平缓增加,随着气压的升高(300~500 Torr),纳米颗粒密度迅速降低。这些研究结果再次印证了,乙炔微放电中存在两种不同的电子加热模式,α 模式和 γ 模式。此外,从图中还可以看出纳米粒子在鞘边界上显示出两个突出的峰,并且在体等离子体中变得低得多。众所周知,纳米粒子在放电腔中的输运过程主要取决于离子拖曳力和鞘层区域产生的电场力之间的竞争。当气压为 100 Torr 时,离子拖曳力处于占主导,离子拖拽力将纳米颗粒从等离子体区推向鞘层边界处,从而使得等离子体区处的纳米颗粒密度降低,鞘层边界处出现两个峰值。随着气压的增加,纳米颗粒密度的峰值迅速下降,从而使得纳米颗粒的空间分布发生了改变,纳米颗粒峰值从鞘层边界处逐渐向等离子体中心处迁移。这是由于气压的增加使得离子拖曳力的竞争力变弱,此时电场力占主导,迫使纳米粒子向体等离子体区域迁移。因此,根据我们研究结果可以预测,适当调节气压,可以改变纳米颗粒的输运过程,进而改变纳米颗粒的空间分布。

由于本研究中可能出现两种不同的电子加热模式,因此我们对气压为 100 Torr 和 500 Torr 下获得的研究结果进行了对比。图 7.6 给出了气压为 100 Torr 和 500 Torr 时,不同电压下电子密度随极板间距的变化。从图 7.6 中可以看到,在气压为 100 Torr 时,电子密度随着外加电压的增加而线性增加,这与汤森放电特性一致。然而,在气压为 500 Torr 时,电子密度随着施加电压的增加而急剧增加(电子密度几乎增加了 20 倍),显示了 γ 放电模式的特性。此外,当压强为 500 Torr 时,我们发现在极板间距为 400 和 500 μm 时电子密度的增加速度比在 800 和 1 000 μm 处的增加速度快得多。此研究表明可以对极板间隙进行微调时,以便在 γ 模式下获得更高的等离子体密度。

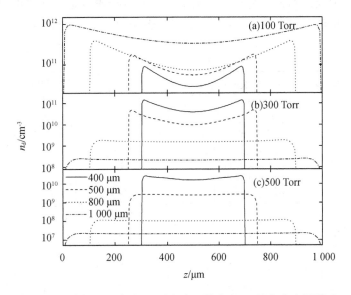

图 7.5 不同气压下极板间距对尘埃颗粒密度 n_d 轴向分布的影响

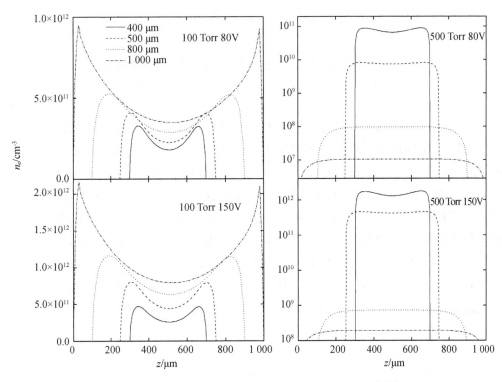

图 7.6 不同电压下极板间距对电子密度 n_e 轴向分布的影响

注:图中左侧为 100 Torr,右侧为 500 Torr,对应着不同的放电模式。

　　图 7.7 给出了气压为 100 Torr 和 500 Torr 情况下,电压对纳米颗粒密度轴向变化的影响。我们可以清楚地看到,当气压为 100 Torr 时,纳米颗粒密度随着电压的增加而增加约 2 倍,而当气压为 500 Torr 时,纳米颗粒密度随着电压的增加迅速增加了 2 个数量级,尤其是当极板间距为 400 μm 时。这意味着在 α 模式下电压对纳米粒子密度的影响远小于 γ 模式下电子密度的变化。将此研究结果与图 7.6 中的电子密度进行比较时,我们发现纳米粒子密度比电子密度增加得更快,尤其是在极板间距为 400 μm 和 500 μm 的情况下。

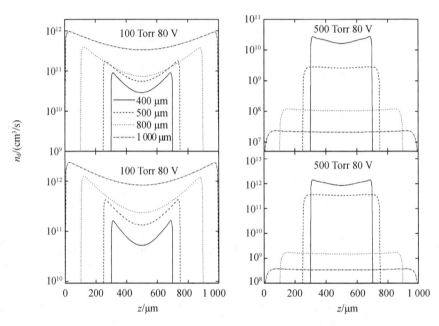

图 7.7　不同电压下极板间距对尘埃颗粒密度轴向分布的影响

注:图中左侧为 100 Torr,右侧为 500 Torr,对应着不同的放电模式。

　　由于等离子体密度的大小变化了几个量级,从而使得径向分布变化不明显,因此图 7.8 给出了在气压为 100 Torr(α 模式)和 500 Torr(γ 模式)情况下,不同电压下下非均匀程度随极板间距的变化图。从该图中我们可以观察到,在 α 模式下,随着电极间隙增加,非均匀度 α_{non} 增大,这意味着在电极间隙为 400 μm 时可以获得较好的等离子体均匀性。此外,从图中我们还发现随着电压的增加非均匀度增大,这意味着在大多数电极间隙范围内,等离子体均匀性在电压较低的情况下等离子体的均匀性更好一些。另外一方面,在气压为 500 Torr 的情况下(γ 模式),非均匀度 α_{non} 较小,而且非均匀度的变化与在气压为 100 Torr 时非均匀度的变化有所不同,非均匀度 α_{non} 的最小值出现在极板间距为 500 μm 处,而非均匀度的最大值出现在极板间距为 1 000 μm 处。总之,在极板间距为 1 000 μm 时,等离子体的均匀性较差。

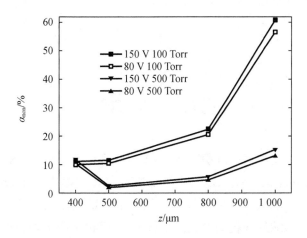

图 7.8 不同气压下电压对电子密度非均匀度 α_{non} 的影响

7.4 本 章 小 结

本章主要是通过二维流体力学模型和气态动力学模型相结合的方法,研究了射频容性耦合乙炔等离子体放电中模式转换,重点探讨了极板间距、气压、射频源电压对电子密度和纳米颗粒密度轴向分布的影响,并且我们还研究了这些参数对等离子体均匀性的影响。研究结果表明:

(1)改变气压不但可以大大改变电子温度的空间分布,还可以有效改变电子密度的大小,而电子密度和电子温度的突然降低意味着乙炔微放电中存在两种放电模式,α 模式和 γ 模式。为了证明乙炔微放电中存在两种放电模式,我们还讨论了在气压为 100 Torr 和 500 Torr 下,不同电压下电子密度随极板间距的变化,结果表明此微放电中确实存在两种放电模式。

(2)改变气压还可以改变纳米颗粒密度的空间分布,随着气压的升高,鞘层处纳米颗逐渐向等离子体中心处迁移。

(3)适当的改变极板间距和气压,等离子体均匀性得到了很好的改善。该部分研究成果已发表,详见参考文献[99]。

结　　论

　　本书针对等离子体化学气相沉积制备工艺,建立容性耦合等离子体反应腔室中多物理场耦合的理论模型,从理论上详细地研究了反应性气体放电中纳米粒子的形成及生长过程,包含硅烷、乙炔及加氢稀释后的硅烷和乙炔。本书重点研究了低气压等离子体放电和大气压等离子体放电中纳米颗粒的形成及生长过程,探讨了纳米颗粒的存在对等离子体特性和薄膜特性的影响,并揭示了薄膜工艺参数对等离子体状态参数的影响,为优化等离子体工艺提供了必要的科学依据。

　　主要研究结果如下:

　　第 2 章基于非晶硅薄膜沉积,利用自洽的一维流体模型研究了低气压 SiH_4 放电特性,研究了尘埃颗粒的形成和生长过程。此阶段涉及的粒子种类有 36 种,化学反应方程式高达 160 多种。模拟结果表明:在双频容性耦合等离子体中,尘埃颗粒的密度及表面电荷主要受高频电源的影响。在其他参数一定的条件下增大高频源电压及频率,可以有效地增大尘埃颗粒的密度及表面电荷。低频源频率对尘埃粒子密度及表面电荷影响很小。但需要注意的是,当低频源频率增大到一定值时,高低频电源间会产生耦合,这使得低频源电压下降时,尘埃粒子密度会升高。成核过程,我们分析了纳米颗粒形成的初始离子,揭示了尘埃颗粒的形成对等离子体特性的影响,结果表明尘埃颗粒的出现会导致电势及电子密度的下降。凝聚阶段纳米颗粒密度随着颗粒尺寸的增大而迅速减小,而尘埃颗粒表面所带电荷随着颗粒尺寸的增大而增大。此外,纳米颗粒密度的空间分布与颗粒的受力密切相关,当电场力占主导时,尘埃颗粒主要聚集在等离子体中心处。

　　在第 3 章和第 4 章,基于多晶硅和氮化硅薄膜沉积过程,利用二维模型研究了低气压下 SiH_4、SiH_4/H_2 和 $SiH_4/N_2/NH_3$ 放电特性。模拟结果表明:

　　(1)通过调节相位差可以有效地改善尘埃颗粒的空间均匀性,进而改善薄膜的均匀性。同时,我们还发现相位差的这种调节作用在含氢稀释气体的硅烷放电过程中也有体现。

　　(2)在氮化硅薄膜沉积过程中,我们研究了气压、极板间距和气体组分比对薄膜特性的影响,研究发现增加气压和极板间距可以有效提高等离子体密度,且等离子体密度的峰值从电极边界处逐步向等离子体区迁移,进而使得薄膜的均匀性提高。此外,本研究还发现通过控制背景气体组分比,可以有效地减少氢含量,这对改善薄膜质量是至关重要的。

　　从第 5 章开始,研究了低温大气压等离子体放电的一些特性,在第 6 章,借助于一维流体力学模型和气态动力学模型,研究了 C_2H_2、C_2H_2/Ar、C_2H_2/H_2 微放电特性,揭示了纳米颗粒的形成及生长过程。需要强调的是,本部分的研究考虑了中性气体的流动和传热方程。目前的绝大部分理论研究工作都假定背景气体的流场是固定的,但实际上中性气体的流动和传热是尘埃颗粒的主要损失过程,如果认为背景气体的流场是不动的,则尘埃颗粒将只存在气相过程的生成过程而没有损失过程,结果也是不可靠的。此外,还考虑了中性气体传热过程后尘埃颗粒将受到热泳力的作用,而热泳力的出现将影响尘埃颗粒的输运过程,因此需要进行系统和全面的研究。研究结果表明,中性气体流速不但可以有效提高尘埃颗粒密度,而且可以改变纳米颗粒的空间分布,使得尘埃颗粒密度逐渐向进气口处偏移;通过调节气压,不但可以改变尘埃颗粒密度大小,还可以改变纳米颗粒密度的空间分布,但相对于气流来说,影响较小。

第7章中重点研究了射频乙炔微放电中模式转换现象,探讨了极板间距、气压、射频源电压对电子密度和纳米颗粒密度轴向分布的影响,并揭示了这些放电参数对等离子体均匀性的影响。研究结果表明:

(1)改变气压不但可以大大改变电子温度的空间分布,还可以有效改变电子密度的大小,而电子密度和电子温度的突然降低意味着乙炔微放电中存在两种放电模式,α 模式和 γ 模式。为了证明乙炔微放电中存在两种放电模式,我们还讨论了在气压为 100 Torr 和 500 Torr 时,不同电压下电子密度随极板间距的变化,结果表明,乙炔微放电中确实存在两种放电模式。

(2)改变气压还可以改变纳米颗粒密度的空间分布,随着气压的升高,鞘层处纳米颗粒逐渐向等离子体中心处迁移。

(3)适当改变极板间距和气压,等离子体均匀性会得到很好的改善。

参 考 文 献

［1］　LIEBERMAN M A, LICHTENBERG A J. Principles of plasma discharges and materials processing［M］. 2nd ed. New York：Wiley－Interscience,2005.

［2］　姜巍. 射频容性耦合等离子体的两维隐格式 PIC/MC 模拟［D］. 大连：大连理工大学,2010.

［3］　王帅. 双频容性耦合等离子体物理特性的混合模拟［D］. 大连：大连理工大学,2008.

［4］　毛明. 射频感应耦合等离子体源的动力学模拟及实验诊断［D］. 大连：大连理工大学,2007.

［5］　LIEBERMAN M A, BOOTH J P, CHABERT P, et al. Standing wave and skin effects in large－area, high－frequency capacitive discharges［J］. Plasma Sources Sci. Technol. 2002, 11：283 –293.

［6］　KITAJIMA T, TAKEO Y, MAKABE T. Two－dimensional CT images of two－frequency capacitively coupled plasma［J］. Journal of Vacuum Science & Technology A Vacuum Surfaces & Films, 1999, 17(5)：2510 –2516.

［7］　FUJIWARA N, OGINO S, MARUYAMA T, et al. Charge accumulation effects on profile distortion in ECR plasma etching［J］. Plasma Sources Science & Technology, 1996, 271(2)：126 –131.

［8］　STANDAERT, EFM T. High density fluorocarbon etching of silicon in an inductively coupled plasma：mechanism of etching through a thick steady state fluorocarbon layer［J］. Journal of Vacuum Science & Technology A Vacuum Surfaces & Films, 1998, 16(1)：239 –249.

［9］　GEORGIEVA V, BOGAERTS A, GIJBELS R. Particle－in－cell/monte carlo simulation of a capacitively coupled radio frequency Ar/CF4 discharge：effect of gas composition［J］. J. Appl. Phys. , 2003, 93：2369 –2379.

［10］　BIRDSALL C K, LANGDON A B. Plasma physics via computer simulation［M］. New York：Hilger, 1991.

［11］　吴静. 射频 $SiH_4/C_2H_4/Ar$ 放电产生尘埃等离子体及其诊断研究［D］. 大连：大连理工大学,2009.

［12］　CHERRINGTON B M. The use of electrostatic probes for plasma diagnostics—A review［J］. Plasma Chemistry & Plasma Processing, 1982, 2(2)：113 –116.

［13］　JOHNSON E O, MALTER L. A floating double probe method for measurements in gas discharge［J］. Phys. Rev. Lett. , 1950, 80(1)：58 –68.

[14] 辛仁轩. 等离子体发射光谱分析[M]. 北京:化学工业出版社,2005:325 – 327.

[15] LIU X M, SONG Y H, XU X, et al. Simulation of dust particles in dual – frequency capacitively coupled silane discharges[J]. Physical Review E Statistical Nonlinear & Soft Matter Physics, 2010, 81(1 Pt 2):016405.

[16] 杨德仁. 太阳电池材料[M]. 北京:化学工业出版社,2006.

[17] CHITTICK R C, ALEXANDER J H, STERLING H F. The preparation and properties of amorphous silicon[J]. J. Electrochem. Soc. , 1969, 116:77.

[18] NIENHUIS G J, GOEDHEER W J, HAMERS E, et al. A self – consistent fluid model for radio – frequency discharges in SiH_4 – H_2 compared to experiments[J]. Journal of Applied Physics, 1997, 82(5):2060 – 2071.

[19] BLEECKER K D, BOGAERTS A, GIJBELS R, et al. Numerical investigation of particle formation mechanisms in silane discharges[J]. Phys. Rev. E. , 2004, 69:056409.

[20] HWANG H H, KUSHNER M J. Regimes of particle trapping in inductively coupled plasma processing reactors[J]. Appl. Phys. Letters. 1996, 68:3716 – 3718.

[21] GALLAGHER A. Model of particle growth in silane discharges[J]. Phys. Rev. E. 2000, 62:2690 – 2706.

[22] LEE J K, BABAEVA N Y, KIM H C, et al. Simulation of capacitively coupled single – and dual – frequency RF discharges[J]. IEEE Transactions on Plasma Science, 2004, 32(1):47 – 53.

[23] KIM D H, LEE C H, CHO S H, et al. Effect of high – frequency variation on the etch characteristics of ArF photoresist and silicon nitride layers in dual frequency superimposed capacitively coupled plasma [J]. Journal of Vacuum Science & Technology B Microelectronics & Nanometer Structures, 2005, 23(5):2203 – 2211.

[24] CIANCI E, SCHINA A, MINOTTI A, et al. Dual frequency PECVD silicon nitride for fabrication of CMUTs' membranes[J]. Sensors & Actuators A Physical, 2006, 127(1):80 – 87.

[25] PERRIN J, LEROY O, Bordage M C. Cross – sections, rate constants and transport coefficients in silane plasma chemistry [J]. Contributions to Plasma Physics, 2010, 36(1):3 – 49.

[26] GORBACHEV Y E, ZETEVAKHIN M A, KAGANOVICH I D. Simulation of the growth of hydrogenated amorphous silicon films from an rf discharge plasma[J]. Technical Physics, 1996, 41(12):1247 – 1258.

[27] SHUKLA P K, MAMUN A A. Introduction to dusty plasma physics[M]. Oxfordshire: Taylor & Francis, 2001.

[28] NAIRN C M C, ANNARATORE B M, ALLEN J E. On the theory of spherical probes and dust grains[J]. Plasma Sources Sci. Technol. , 1998, 7, 478 – 490.

[29] KOSHIISHI A, ARAKI Y, HIMORI S, et al. Investigation of etch rate uniformity of 60

MHz plasma etching equipment[J]. Japanese Journal of Applied Physics, 2001, 40(Part 1, No. 11):6613 – 6618.

[30] KOSHIISHI A, HIMORI S, IIJIMA T. Improvement in etch rate uniformity using resistive electrodes with multistep cavity[J]. Japanese Journal of Applied Physics, 2007, 46 (7A):4289 – 4295.

[31] SCHMIDT H. Improving plasma uniformity using lens – shaped electrodes in a large area very high frequency reactor[J]. Journal of Applied Physics, 2004, 95(9):4559 – 4564.

[32] SUNG D, WOO J, LIM K, et al. Plasma uniformity and phase – controlled etching in a very high frequency capacitive discharge[J]. Journal of Applied Physics, 2009, 106(2):282.

[33] RAUF S, KUSHNER M J. Nonlinear dynamics of radio frequency plasma processing reactors powered by multifrequency sources[J]. IEEE Transactions on Plasma Science, 1999, 27(5):1329 – 1338.

[34] SUNG D, JEONG S, PARK Y, et al. Effect on plasma and etch – rate uniformity of controlled phase shift between rf voltages applied to powered electrodes in a triode capacitively coupled plasma reactor[J]. Journal of Vacuum Science & Technology A Vacuum Surfaces and Films, 2009, 27(1):13 – 19.

[35] LIU X M, SONG Y H, WANG Y N. Driving frequency effects on the mode transition in capacitively coupled argon discharges[J]. Chinese Physics B,2011,20(06):327 – 332.

[36] 杨景超. PECVD 氮化硅薄膜内应力试验研究[M]. 合肥:中国科学技术大学出版社,2007.

[37] SANCHEZ P, FERNANDEZ B, MENENDEZ A, et al. Pulsed radiofrequency glow discharge optical emission spectrometry for the direct characterisation of photovoltaic thin film silicon solar cells[J]. Journal of Analytical Atomic Spectrometry, 2010, 25(3): 370 – 377.

[38] HOWLING A A, DORIER J L, HOLLENSTEIN C. Negative ion mass spectra and particulate formation in radio frequency silane plasma deposition experiments[J]. Applied Physics Letters, 1993, 62(12):1341 – 1343.

[39] BOSWELL R W, VENDER D. An experimental study of breakdown in a pulsed Helicon plasma[J]. Plasma Sources Science & Technology, 1995, 4(4): 534 – 540.

[40] CONTI S, PORSHNEV P I, FRIDMAN A, et al. Experimental and numerical investigation of a capacitively coupled low – radio frequency nitrogen plasma[J]. Experimental Thermal & Fluid Science, 2001, 24(3):79 – 91.

[41] JAFARI R, TATOULIAN M, MORSCHEIDT W, et al. Stable plasma polymerized acrylic acid coating deposited on polyethylene (PE) films in a low frequency discharge (70 kHz)[J]. Reactive & Functional Polymers, 2006, 66(12):1757 – 1765.

[42] BUDAGUAN B G, SHERCHENKOV A A, GORBULIN G L, et al. The development of a

high – rate technology for wide – bandgap photosensitive a – SiC:H alloys[J]. Journal of Alloys & Compounds, 2001, 327(1):146 – 150.

[43] BUDAGUAN B G, SHERCHENKOV A A, GORBULIN G L, et al. Characterization of high rate a – SiGe:H thin films fabricated by 55 kHz PECVD[J]. Physica B. 2003, 325: 394 – 400.

[44] SOMMERER T J, KUSHNER M J. Numerical investigation of the kinetics and chemistry of rf glow discharge plasmas sustained in He, N_2, O_2, $He/N_2/O_2$, $He/CF_4/O_2$, and SiH_4/NH_3 using a Monte Carlo – fluid hybrid model[J]. Journal of Applied Physics, 1992, 71(4):1654 – 1673.

[45] DOLLET A, COUDERC J P, DESPAX B. Analysis and numerical modelling of silicon nitride deposition in a plasma – enhanced chemical vapour deposition reactor. II. Simplified modelling, systematic analysis and comparison with experimental measurements [J]. Plasma Sources Science & Technology, 1995, 4(1): 94 – 106.

[46] FISHER E R, HO P, BREILAND W G, et al. Laser studies of the reactivity of imidogen (X3. SIGMA. –) with the surface of silicon nitride [J]. The Journal of Physical Chemistry, 1992, 96(24):9855 – 9861.

[47] HARUHIRO H. Dual excitation reactive ion etcher for low energy plasma processing[J]. Journal of Vacuum Science & Technology A Vacuum Surfaces and Films, 1992, 10(5): 3048 – 3054.

[48] VOLYNETS V, SHIN H, KANG D, et al. Experimental study of plasma non – uniformities and the effect of phase – shift control in a very high frequency capacitive discharge[J]. Journal of Physics D Applied Physics, 2010, 43(8):085203.

[49] 刘莉莹. 大气压射频等离子体射流实验诊断及其沉积硅薄膜研究[D]. 大连:大连理工大学,2007.

[50] 庄娟. 大气压高频辉光混合气体放电数值模拟[D]. 大连:大连理工大学,2011.

[51] JAWOREK A, SOBCZYK A T, RAJCH E. Investigations of DC corona and back discharge characteristics in various gases[J]. Journal of Physics: Conference Series, 2008, 142(1):012010.

[52] CHAPMAN S. Corona point current in wind[J]. Journal of Geophysical Research, 1970, 75(12):2165 – 2169.

[53] CHALMERS J A. The effect of wind on point – discharge pulses [J]. Journal of Atmospheric and Terrestrial Physics, 1965, 27(10):1037 – 1038.

[54] MCKINNEY P J, DAVIDSON J H, LEONE D M. Current distributions for barbed plate – to – plane coronas [J]. IEEE Transactions on Industry Applications, 1991, 28(6): 1424 – 1431.

[55] DAVIDSON J H, MCKINNEY P J. Three – dimensional (3 – D) model of electric field and space charge in the barbed plate – to – plate precipitator[J]. Industry Applications

IEEE Transactions on, 1996, 32(4):858 – 866.

[56] JAWOREK A, KRUPA A. Electrical characteristics of a corona discharge reactor of multipoint – to – plane geometry[J]. Czechoslovak Journal of Physics, 1995, 45(12): 1035 – 1047.

[57] WEINBERG S. Corona discharge device for destruction of airborne microbes and chemical toxins: US, US6042637 A[P]. 2000.

[58] 向晓东. 现代除尘理论与技术[M]. 北京:冶金工业出版社,2002.

[59] 郭治明,许德玄,孙英浩,等. 雾化电晕放电静电除尘的实验研究[J]. 北京理工大学学报,2005, 025(0z1):145 – 148.

[60] 杜长明,严建华,李晓东,等. 利用滑动弧放电脱除烟气中多环芳烃和碳黑颗粒[J]. 中国电机工程学报,2006,26(001):77 – 81.

[61] 聂龙辉. 大气压介质阻挡放电冷等离子体合成纳米晶 TiO$_2$ 的研究[D]. 大连:大连理工大学,2007.

[62] KOGELSCHATZ U, ELIASSON B, EGLI W. Dielectric – barrier discharges principle and applications[J]. Icpig XXIII, 1997, 07:47 – 66.

[63] 凌一鸣,徐建军. 介质阻挡无声放电中电子温度和电子能量分布的探极诊断[J]. 电子学报,2001,29(2):218 – 221.

[64] 徐学基. 介质阻挡放电击穿过程的研究[J]. 复旦学报:自然科学版,1997, 036(003):268 – 274.

[65] HE F, FENG S, WANG J Q, et al. Observation of self – erase of wall charge in coplanar DBD[J]. Journal of Physics, D. Applied Physics: A Europhysics Journal, 2006, 39(16):3621 – 3624.

[66] STEFECKA M, KANDO M, CERNAK M, et al. Spatial distribution of surface treatment efficiency in coplanar barrier discharge operated with oxygen – nitrogen gas mixtures[J]. Surface & Coatings Technology,2003,174(0):553 – 558.

[67] ENGEMANN J, KORZEC D. Assessment of discharges for large area atmospheric pressure plasma – enhanced chemical vapor deposition (AP PE – CVD)[J]. Thin Solid Films, 2003, 442(1 – 2):36 – 39.

[68] THYEN R, HÖPFNER K, KLÄKE N. Cleaning of silicon and steel surfaces using dielectric barrier discharges [J]. Plasmas and Polymers, 2000, 5(2):91 – 102.

[69] SCHMIDT – SZALOWSKI K, RŽANEK – BOROCH Z, SENTEK J, et al. Thin films deposition from hexamethyldisiloxane and hexamethyldisilazane under dielectric – barrier discharge (DBD) conditions[J]. Plasmas and Polymers, 2000, 5(3 – 4):173 – 190.

[70] SCOTT S J, FIGGURES C C, DIXON D G. Dielectric barrier discharge processing of aerospace materials[J]. Plasma Sources Science & Technology,2004,13(3):461 – 465.

[71] 刘欣宇. 大气压辉光放电与等离子体射流的模拟研究[D]. 武汉:华中科技大学,2015.

[72] CHIROKOV A G, GUTSOL A, FRIDMAN A, et al. Analysis of two – dimensional microdischarge distribution in dielectric – barrier discharges[J]. Plasma Sources Science & Technology, 2004, 13(4): 623 –635.

[73] LAROUSSI M, LU X, KOLOBOV V, et al. Power consideration in the pulsed dielectric barrier discharge at atmospheric pressure [J]. Journal of Applied Physics, 2004, 96(5):3028 –3030.

[74] KOINUMA H, OHKUBO H, HASHIMOTO T, et al. Development and application of a microbeam plasma generator[J]. Appl. phys. lett, 1992, 60(7):816 –817.

[75] 高昕昕. 大气压射频 Ar/SiH$_4$/H$_2$ 辉光放电数值模拟[D]. 大连: 大连理工大学,2009.

[76] LI H P, SUN W T, WANG H B, et al. Electrical features of radio – frequency, atmospheric – pressure, bare – metallic – electrode glow discharges [J]. Plasma Chemistry and Plasma Processing,2007, 27(5):529 –545.

[77] PARK J, HENINS I, HERRMANN H W, et al. Gas breakdown in an atmospheric pressure radio – frequency capacitive plasma source[J]. Journal of Applied Physics, 2001, 89(1):15 –19.

[78] JIE Z, KE D, WEI K, et al. Excitation frequency dependent mode manipulation in radio – frequency atmospheric argon glow discharges [J]. Physics of Plasmas, 2009, 16(9):266.

[79] WANG H B, SUN W T, LI H P, et al. Characteristics of radio – frequency, atmospheric – pressure glow discharges with air using bare metal electrodes[J]. Applied Physics Letters, 2006, 89(16):161502.

[80] 刘莉莹, 张家良, 马腾才,等. 用发射光谱法测量氮气直流辉光放电的转动温度[J].光谱学与光谱分析,2002(06):1013 –1018.

[81] DOYLE J R. Chemical kinetics in low pressure acetylene radio frequency glow discharges [J]. Journal of Applied Physics, 1997, 82(10):4763 –4771.

[82] STOYKOV S, EGGS C, KORTSHAGEN U. Plasma chemistry and growth of nanosized particles in a C$_2$H$_2$ RF discharge[J]. Journal of Physics D Applied Physics, 2015, 34(14):2160.

[83] DE B K, BOGAERTS A, GOEDHEER W. Detailed modeling of hydrocarbon nanoparticle nucleation in acetylene discharges [J]. Physical Review E Statistical Nonlinear & Soft Matter Physics, 2006, 73(2 Pt 2):026405.

[84] MING M, BENEDIKT J, CONSOLI A, et al. New pathways for nanoparticle formation in acetylene dusty plasmas: A modelling investigation and comparison with experiments[J]. Journal of Physics D Applied Physics, 2008, 41(22):225201 –225214.

[85] GREINER F, CARSTENSEN J, KÖHLER N, et al. Imaging mie ellipsometry: dynamics of nanodust clouds in an argon – acetylene plasma [J]. Plasma Sources Science

Technology, 2012, 21(6):683 – 687.

[86] WETERING F M, BECKERS J, KROESEN G M, et al. Anion dynamics in the first 10 milliseconds of an argon – acetylene radio – frequency plasma[J]. Journal of Physics D Applied Physics, 2012, 45(48):485205 – 485212(8).

[87] WARTHESEN S J, GIRSHICK S L. Numerical simulation of the spatiotemporal evolution of a nanoparticle – plasma system[J]. Plasma Chemistry & Plasma Processing, 2007, 27(3):292 – 310.

[88] BENEDIKT J, RABALLAND V, YANGUAS G A, et al. Thin film deposition by means of atmospheric pressure microplasma jet[J]. Plasma Phys. Control. Fusion, 2007, 49 (12B):B419 – B427.

[89] LIU X M, LI Q W, LI R. Simulation of nanoparticle coagulation in radio – frequency C_2H_2/Ar microdischarges[J]. Chinese Physics B,2016,25(06):309 – 315.

[90] RABALLAND V, BENEDIKT J, HOFFMANN S, et al. Deposition of silicon dioxide films using an atmospheric pressure microplasma jet[J]. Journal of Applied Physics, 2009, 105(8):237.

[91] BENEDIKT J, CONSOLI A, SCHULZE M, et al. Time – resolved molecular beam mass spectrometry of the initial stage of particle formation in an $Ar/He/C_2H_2$ plasma. [J]. Journal of Physical Chemistry A, 2007, 111(42):10453.

[92] DESCHENAUX C, AFFOLTER A, MAGNI D, et al. Investigations of CH_4, C_2H_2 and C_2H_4 dusty RF plasmas by means of FTIR absorption spectroscopy and mass spectrometry [J]. Journal of Physics D – Applied Physics, 1999, 32(15):570 – 573.

[93] RAIZER Y P, SHNEIDER M N. Faraday space in a high – frequency γ discharge and the influence of pressure on the normal current density effect of an α discharge and the nature of the α – γ transition[J]. Plasma Phys, 1992,18: 762.

[94] GODYAK V A, PIEJAK R B, ALEXANDROVICH B M. Evolution of the electron – energy – distribution function during rf discharge transition to the high – voltage mode [J]. Physical Review Letters, 1992, 68(1):40 – 43.

[95] 刘相梅,祖宁宁,李洪影,等. Mode transition induced by gas pressure in dusty acetylene microdischarges: two – dimensional simulation [J]. Plasma Science and Technology, 2020,22(04):66 – 72.